建设工程识图精讲 100 例系列

电气工程识图精讲 100 例

崔玉辉　主编

中国计划出版社

图书在版编目（CIP）数据

电气工程识图精讲100例/崔玉辉主编. —北京：中国计划出版社，2016.1
（建设工程识图精讲100例系列）
ISBN 978-7-5182-0250-8

Ⅰ.①电… Ⅱ.①崔… Ⅲ.①建筑工程–电气设备–电路图–识别 Ⅳ.①TU85

中国版本图书馆 CIP 数据核字（2015）第 231470 号

建设工程识图精讲100例系列

电气工程识图精讲100例

崔玉辉　主编

中国计划出版社出版
网址：www.jhpress.com
地址：北京市西城区木樨地北里甲11号国宏大厦C座3层
邮政编码：100038　电话：（010）63906433（发行部）
新华书店北京发行所发行
北京天宇星印刷厂印刷

787mm×1092mm　1/16　14.25 印张　339 千字
2016年1月第1版　2016年1月第1次印刷
印数 1—3000 册

ISBN 978-7-5182-0250-8
定价：39.00元

版权所有　侵权必究

本书环衬使用中国计划出版社专用防伪纸，封面贴有中国计划出版社专用防伪标，否则为盗版书。请读者注意鉴别、监督！
侵权举报电话：（010）63906404
如有印装质量问题，请寄本社出版部调换

电气工程识图精讲100例
编写组

主　编　崔玉辉

参　编　蒋传龙　王　帅　张　进　褚丽丽
　　　　　周　默　杨　柳　孙德弟　郭　闯
　　　　　宋立音　刘美玲　张红金　赵子仪
　　　　　许　洁　徐书婧　左丹丹　李　杨

前　言

施工图是设计人员表达工程内容和构思的工程语言，是施工工作的重要依据。建筑电气施工图以统一的图形符号辅以简要的文字说明，把电气设备的安装位置、配管配线方式、灯具安装情况等内容表示出来，用来指导各种照明设备和其他电气设备的施工、安装、接线、运行和维护。在建筑施工过程中，如果能快速地读懂电气施工图，掌握电气施工图的识读技巧，就可以大大缩短读图时间，正确了解设计意图，使施工结果与设计方案达到完美的结合，从而使工程达到设计预期的目的。因此，我们组织编写了这本书。

本书根据《房屋建筑制图统一标准》GB/T 50001—2010、《总图制图标准》GB/T 50103—2010、《建筑电气制图标准》GB/T 50786—2012 等标准编写，主要包括电气工程识图基本规定、电气工程施工图识读以及电气工程识图实例。本书采取先基础知识、后实例讲解的方法，具有逻辑性、系统性强、内容简明实用、重点突出等特点。本书可供电气工程设计、施工等相关技术及管理人员使用，也可供电气工程相关专业的大中专院校师生学习参考使用。

本书在编写过程中参阅和借鉴了许多优秀书籍、专著和有关文献资料，并得到了有关领导和专家的帮助，在此一并致谢。由于作者的学识和经验所限，虽经编者尽心尽力但书中仍难免存在疏漏或未尽之处，敬请有关专家和读者予以批评指正。

编　者
2015 年 10 月

目 录

1 电气工程识图基本规定 ……………………………………………………（1）
  1.1 基本规定 …………………………………………………………………（1）
    1.1.1 图线 …………………………………………………………………（1）
    1.1.2 比例 …………………………………………………………………（2）
  1.2 常用符号 …………………………………………………………………（2）
    1.2.1 图形符号 ……………………………………………………………（2）
    1.2.2 文字符号 ……………………………………………………………（58）
2 电气工程施工图识读内容与方法 ……………………………………………（75）
  2.1 建筑变配电工程图 ………………………………………………………（75）
    2.1.1 建筑电气工程图的特点 ……………………………………………（75）
    2.1.2 建筑电气工程图的识读方法 ………………………………………（75）
  2.2 动力工程图 ………………………………………………………………（77）
    2.2.1 动力工程图的内容 …………………………………………………（77）
    2.2.2 动力工程图的识读方法 ……………………………………………（77）
  2.3 建筑电气照明工程图 ……………………………………………………（78）
    2.3.1 电气照明工程图的内容 ……………………………………………（78）
    2.3.2 电气照明工程图的识读方法 ………………………………………（78）
  2.4 建筑物防雷接地工程图的内容 …………………………………………（78）
3 电气工程识图实例 ……………………………………………………………（80）
  3.1 电气平面图、系统图识读基础实例 ……………………………………（80）
    实例1：电气系统图识读 ……………………………………………………（80）
    实例2：电气施工平面图识读 ………………………………………………（81）
    实例3：电气外线总平面图识读 ……………………………………………（82）
    实例4：首层电气平面图识读 ………………………………………………（83）
    实例5：一层电气系统平面图识读 …………………………………………（84）
    实例6：二层电气平面图识读 ………………………………………………（85）
    实例7：三层电气平面图识读 ………………………………………………（86）
  3.2 建筑变配电、动力及照明工程图识读实例 ……………………………（87）
    实例8：配电平面图识读 ……………………………………………………（87）
    实例9：配电系统图识读 ……………………………………………………（90）
    实例10：低压配电系统图识读 ……………………………………………（92）
    实例11：10kV线路定时限过电流保护整体式原理图识读 ……………（93）

实例12：10kV 线路定时限过电流保护展开式原理图识读 …………………………（93）
实例13：35kV 线路定时限过电流保护和电流速断保护整体式原理图识读 ………（94）
实例14：35kV 线路定时限过电流保护和电流速断保护展开式原理图识读 ………（95）
实例15：35kV 主进线断路器控制及保护二次回路原理图识读 ……………………（96）
实例16：35kV 电压互感器二次回路原理图识读 ……………………………………（98）
实例17：6~10kV/0.4kV 变配电电气系统图识读 ……………………………………（99）
实例18：35kV/10kV 变配电电气系统图识读 ………………………………………（100）
实例19：380V/220V 低压配电系统图识读 …………………………………………（101）
实例20：某小型工厂变电所主接线图识读 ……………………………………………（102）
实例21：竖向干线系统图识读 …………………………………………………………（105）
实例22：配电箱系统图识读 ……………………………………………………………（106）
实例23：配电室设备平面布置图识读 …………………………………………………（107）
实例24：首层动力平面图识读 …………………………………………………………（108）
实例25：2 层动力平面图识读 …………………………………………………………（110）
实例26：首层照明平面图识读 …………………………………………………………（111）
实例27：2 层照明平面图识读 …………………………………………………………（113）
实例28：住宅照明线路平面图识读 ……………………………………………………（114）
实例29：3 层、6 层照明平面图识读 …………………………………………………（114）
实例30：某照明配电系统图识读 ………………………………………………………（116）
实例31：某建筑局部照明配电箱系统图识读 …………………………………………（118）
实例32：某公寓变配电所平面图识读 …………………………………………………（119）
实例33：某办公楼低压配电系统图识读 ………………………………………………（121）
实例34：某办公大楼配电室平面布置图识读 …………………………………………（123）
实例35：某10kV 变电所变压器柜二次回路接线图识读 ……………………………（125）
实例36：某教学大楼1~6 层动力系统图识读 ………………………………………（127）
实例37：某综合大楼照明系统图识读 …………………………………………………（129）
实例38：某幼儿园1 层照明平面图识读 ………………………………………………（130）
实例39：某小型锅炉房电气系统图识读 ………………………………………………（133）
实例40：某小型锅炉房动力平面图识读 ………………………………………………（136）
实例41：某小型锅炉房照明平面图识读 ………………………………………………（138）
实例42：某2 层加油站照明施工图识读 ………………………………………………（139）
实例43：某住宅单元低压配电干线图识读 ……………………………………………（144）
实例44：某居民住宅楼标准电气层照明平面布置图识读 ……………………………（144）
实例45：某办公楼1~7 层动力配电系统图识读 ……………………………………（146）
实例46：某办公楼1~7 层照明配电系统图识读 ……………………………………（148）

3.3 建筑物防雷接地工程图识读实例 …………………………………………………（149）
实例47：某住宅楼屋面防雷平面图识读 ………………………………………………（149）
实例48：某大楼屋面防雷电气工程图识读 ……………………………………………（150）
实例49：某商业大厦屋面防雷平面图识读 ……………………………………………（151）

实例50：建筑物防雷接地工程图识读 ·· (151)
实例51：两台10kV变压器的变电所接地电气工程图识读 ················· (154)
实例52：某综合大楼接地系统的共用接地体图识读 ··························· (154)
实例53：某住宅接地电气施工图识读 ·· (155)
实例54：某综合楼防雷接地工程图识读 ·· (155)
实例55：某工厂厂房防雷接地平面图识读 ··· (157)

3.4 建筑弱电工程图识读实例 ·· (157)

实例56：某办公楼工程弱电平面图识读 ·· (157)
实例57：某办公楼工程弱电系统图识读 ·· (158)
实例58：综合布线系统工程图识读（一） ··· (162)
实例59：综合布线系统工程图识读（二） ··· (163)
实例60：某住宅楼综合布线工程平面图识读 ······································ (164)
实例61：某写字楼综合布线工程平面图（局部）识读 ························ (165)
实例62：电话线路系统图识读 ··· (165)
实例63：电话工程系统图识读 ··· (166)
实例64：某住宅楼电话系统工程图识读 ·· (167)
实例65：某大厦22层火灾报警平面图识读 ·· (169)
实例66：某综合楼火灾自动报警系统与消防联动控制系统图识读 ········ (170)
实例67：某综合楼地下一层火灾报警与消防联动控制平面图识读 ········ (172)
实例68：某综合楼首层火灾报警与消防联动控制平面图识读 ··············· (174)
实例69：某综合楼二层火灾报警与消防联动控制平面图识读 ··············· (175)
实例70：某综合楼三层火灾报警与消防联动控制平面图识读 ··············· (177)
实例71：某宾馆视频安防监控系统图识读 ··· (177)
实例72：闭路闯入报警系统接线图识读 ·· (177)
实例73：某防盗安保系统图识读 ·· (180)
实例74：某办公楼防盗报警系统图识读 ·· (182)
实例75：某大厦（9层涉外商务办公楼）的防盗报警系统图识读 ········ (183)
实例76：某住宅访客对讲及报警平面图和系统图识读 ························ (184)
实例77：某宾馆出入口控制系统图识读 ·· (186)
实例78：某小区1号住宅楼有线电视前端系统图识读 ························· (186)
实例79：某小区1号住宅楼有线电视干线分配系统图识读 ··················· (187)
实例80：共用电视天线系统图识读 ··· (187)
实例81：某宾馆楼共用天线电视系统图与平面图识读 ························ (189)
实例82：多层住宅电话配线图识读 ··· (194)
实例83：高层住宅电话配线图识读 ··· (195)
实例84：某综合楼电话系统工程图识读 ·· (199)
实例85：某建筑电话通信系统工程图识读 ··· (200)
实例86：某高级宾馆广播音响系统图识读 ··· (201)
实例87：某高级宾馆音响和紧急广播系统图识读 ······························· (203)

实例88：套房音响和紧急广播电路图识读 ………………………………………（203）
实例89：有线电视系统图识读 ……………………………………………………（204）
实例90：广播音响系统图识读 ……………………………………………………（205）
实例91：1层电视与广播平面图识读 ……………………………………………（206）
实例92：2层电视与广播平面图识读 ……………………………………………（207）
实例93：3层电视与广播平面图识读 ……………………………………………（207）
实例94：某监舍闭路监控系统图识读 ……………………………………………（210）
实例95：某工厂闭路电视监控系统图识读 ………………………………………（212）

参考文献 ………………………………………………………………………………（215）

1 电气工程识图基本规定

1.1 基本规定

1.1.1 图线

1）建筑电气专业的图线宽度（b）应根据图纸的类型、比例和复杂程度，按现行国家标准《房屋建筑制图统一标准》（GB/T 50001—2010）的规定选用，并宜为 0.5mm、0.7mm、1.0mm。

2）电气总平面图和电气平面图宜采用三种及以上的线宽绘制，其他图样宜采用两种及以上的线宽绘制。

3）同一张图纸内，相同比例的各图样，宜选用相同的线宽组。

4）同一个图样内，各种不同线宽组中的细线，可统一采用线宽组中较细的细线。

5）建筑电气专业常用的制图图线、线型及线宽宜符合表1–1的规定。

表1–1 电气专业常用的制图图线、线型及线宽

名称		线型	线宽	一般用途
实线	粗	———	b	本专业设备之间电气通路连接线、本专业设备可见轮廓线、图形符号轮廓线
	中粗	———	$0.7b$	本专业设备可见轮廓线、图形符号轮廓线、方框线、建筑物可见轮廓
	中	———	$0.5b$	本专业设备可见轮廓线、图形符号轮廓线、方框线、建筑物可见轮廓
	细	———	$0.25b$	非本专业设备可见轮廓线、建筑物可见轮廓；尺寸、标高、角度等标注线及引出线
虚线	粗	- - - -	b	本专业设备之间电气通路不可见连接线；线路改造中原有线路
	中粗	- - - -	$0.7b$	本专业设备不可见轮廓线、地下电缆沟、排管区、隧道、屏蔽线、连锁线
	中	- - - -	$0.5b$	本专业设备不可见轮廓线、地下电缆沟、排管区、隧道、屏蔽线、连锁线
	细	- - - -	$0.25b$	非本专业设备不可见轮廓线及地下管沟、建筑物不可见轮廓线等
波浪线	粗	～～～	b	本专业软管、软护套保护的电气通路连接线、蛇形敷设线缆
	中粗	～～～	$0.7b$	本专业软管、软护套保护的电气通路连接线、蛇形敷设线缆
单点长画线		— · — · —	$0.25b$	定位轴线、中心线、对称线；结构、功能、单元相同围框线
双点长画线		— ·· — ·· —	$0.25b$	辅助围框线、假想或工艺设备轮廓线
折断线		—⋏—	$0.25b$	断开界线

1.1.2 比例

1) 电气总平面图、电气平面图的制图比例, 宜与工程项目设计的主导专业一致, 采用的比例宜符合表1-2的规定, 并应优先采用常用比例。

表1-2 电气总平面图、电气平面图的制图比例

序号	图 名	常用比例	可用比例
1	电气总平面图、规划图	1:500、1:1000、1:2000	1:300、1:5000
2	电气平面图	1:50、1:100、1:150	1:200
3	电气竖井、设备间、电信间、变配电室等平、剖面图	1:20、1:50、1:100	1:25、1:150
4	电气详图、电气大样图	10:1、5:1、2:1、1:1、1:2、1:5、1:10、1:20	4:1、1:25、1:50

2) 电气总平面图、电气平面图应按比例制图, 并应在图样中标注制图比例。
3) 一个图样宜选用一种比例绘制。选用两种比例绘制时, 应做说明。

1.2 常用符号

1.2.1 图形符号

图样中采用的图形符号应符合下列规定:

1) 图形符号可放大或缩小。
2) 当图形符号旋转或镜像时, 其中的文字宜为视图的正向。
3) 当图形符号有两种表达形式时, 可任选用其中一种形式, 但同一工程应使用同一种表达形式。
4) 当现有图形符号不能满足设计要求时, 可按图形符号生成原则产生新的图形符号; 新产生的图形符号宜由一般符号与一个或多个相关的补充符号组合而成。
5) 补充符号可置于一般符号的里面、外面或与其相交。

1. 强电图样常用图形符号

1) 发电、变配电及管线系统图形符号见表1-3～表1-6。

表1-3 发电、变电站图形符号

序号	名 称	图形符号	说 明
1	发电站, 规划的	□	用于总平面图
2	发电站, 运行的	▨	

续表 1-3

序号	名　　称	图形符号	说　　明
3	热电联产发电站，规划的		用于总平面图
4	热电联产发电站，运行的		
5	变电站、配电所，规划的		可在符号内加上任何有关变电站详细类型的说明，用于总平面图
6	变电站、配电所，运行的		
7	水力发电站，规划的		用于总平面图
8	水力发电站，运行的或未规定的		
9	热电站，规划的		
10	热电站，运行的或未规定的		
11	地热发电站，规划的		
12	地热发电站，运行的或未规定的		
13	太阳能发电站，规划的		用于平面图
14	太阳能发电站，运行的或未规定的		
15	风力发电站，规划的		
16	风力发电站，运行的或未规定的		

表1-4 配电线路图形符号

序号	名　称	图形符号	说　明
1	地下线路		用于平面图、总平面图
2	水下线路		
3	带接头的地下线路		
4	带充气或注油堵头的线路		
5	带充气或注油截止阀的线路		
6	带旁路的充气或注油堵头的线路		
7	接闪杆		用于接线图、平面图、总平面图、系统图
8	架空线路		用于总平面图
9	套管线路		
10	六孔管道的线路		
11	电力电缆井/人孔		
12	手孔		
13	防雨罩		用于平面图、总平面图
14	防雨罩内的放大点		

续表 1-4

序号	名称	图形符号	说明
15	交接点		用于网络图
16	线路集线器；自动线路连接器		
17	杆上线路集线器		
18	保护阳极		
19	Mg 保护阳极		
20	电缆梯架、托盘和槽盒线路		
21	电缆沟线路		
22	中性线		用于电路图、平面图、系统图
23	保护线		
24	保护线和中性线共用线		
25	带中性线和保护线的三相线路		
26	向上配线或布线		用于平面图
27	向下配线或布线		
28	垂直通过配线或布线		
29	由下引来配线或布线		
30	由上引来配线或布线		

表1-5 管线系统图形符号

序号	名称	图形符号 形式1	图形符号 形式2	说明
1	直通段	⊢⊣		一般符号,用于平面图、概略图
2	组合的直通段	⊢⊣⊢⊣		
3	终端封头	⊢⊣│		
4	弯通	⌐		
5	T形（三通）	⊤		
6	十字形（四通）	＋		
7	无连接的两个系统的交叉			
8	两个独立系统的交叉			用于平面图、概略图
9	长度可调的直通段			
10	内部固定的直通段			
11	外壳膨胀单元			
12	导体膨胀单元			
13	外壳及导体膨胀单元			
14	柔性单元			
15	变径单元			

续表 1-5

序号	名称	图形符号 形式1	图形符号 形式2	说明
16	带内部压紧垫板的直通段			
17	相位转换单元			
18	设备盒（箱）			
19	带内部防火垫板的直通段			
20	末端馈线单元			
21	中心馈线单元			用于平面图、概略图
22	带设备盒（箱）的末端馈线单元			
23	带设备盒（箱）的中心馈线单元			
24	带固定分支的直通段			
25	带几路分支的直通段			
26	带连续移动分支的直通段			
27	带可调步长分支的直通段			

续表 1-5

序号	名　称	图形符号		说　明
		形式1	形式2	
28	带移动分支的直通段			
29	带设备盒（箱）固定分支的直通段	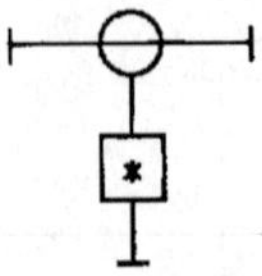		
30	带设备盒（箱）移动分支的直通段	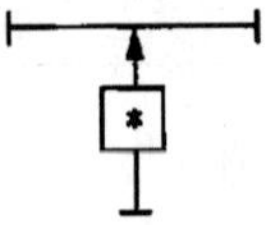		用于平面图、概略图
31	带保护极插座固定分支的直通段	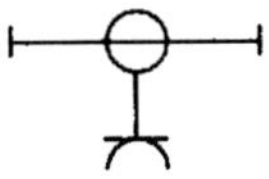		
32	由两个配线系统组成的直通段	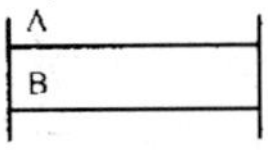		
33	由几个独立间隔组成的直通段	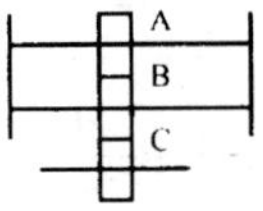	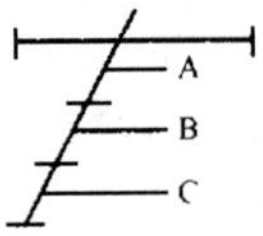	

表 1-6　导体、连接件图形符号

序号	名　称	图形符号		说　明
		形式1	形式2	
1	导线组	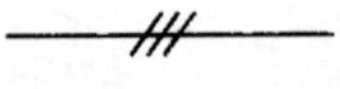	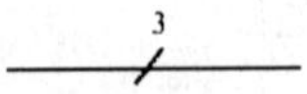	示出导线数，如示出三根导线，用于电路图、接线图、平面图、总平面图、系统图
2	软连接			用于电路图、接线图、平面图、总平面图、系统图
3	端子			
4	端子板	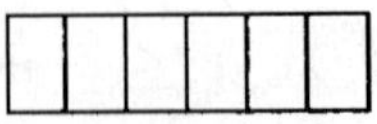		电路图

续表 1-6

序号	名　称	图形符号 形式1	图形符号 形式2	说　明
5	T 型连接	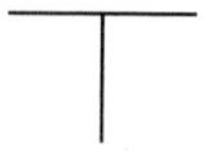		用于电路图、接线图、平面图、总平面图、系统图
6	导线的双 T 连接	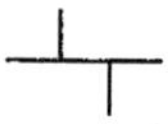		
7	跨接连接（跨越连接）			
8	阴接触件（连接器的）、插座	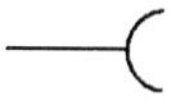		用于电路图、接线图、系统图
9	阳接触件（连接器的）、插头			
10	定向连接			用于电路图、接线图、平面图、系统图
11	进入线束的点			本符号不适用于表示电气连接，用于电路图、接线图、平面图、总平面图、系统图

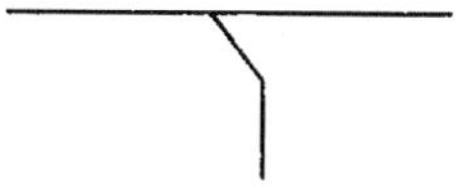

2）常用电气元件与设备图形符号，见表 1-7～表 1-14。

表 1-7　电阻器、电容器及半导体元件图形符号

序号	名　称	图形符号	说　明
1	电阻器		
2	电容器		
3	半导体二极管		一般符号，用于电路图
4	发光二极管（LED）		

续表1-7

序号	名称	图形符号	说明
5	双向三极闸流晶体管	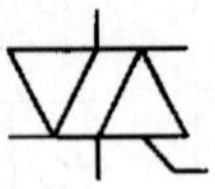	用于电路图
6	PNP 晶体管	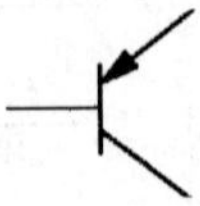	

注：1 当电气元器件需要说明类型和敷设方式时，宜在符号旁标注下列字母：EX—密闭；C—暗装。
    2 符号中加上端子符号（〇）表明是一个器件，如果使用了端子代号，则端子符号可以省略。

表1-8 电机、变压器、调压器、电抗器、互感器图形符号

序号	名称	图形符号		说明
		形式1	形式2	
1	电机			一般符号，用于电路图、接线图、平面图、系统图
2	三相笼式感应电动机	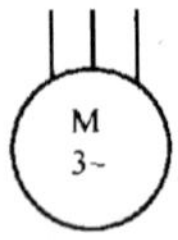		用于电路图
3	单相笼式感应电动机，有且分相引出端子	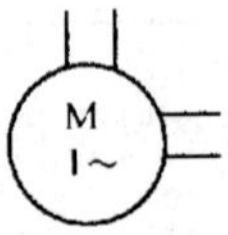		用于电路图
4	三相绕线式转子感应电动机	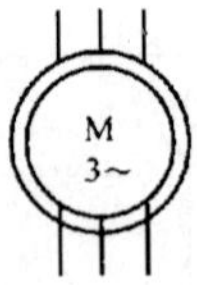		
5	双绕组变压器	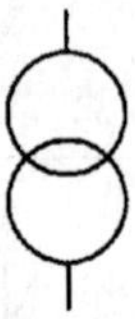	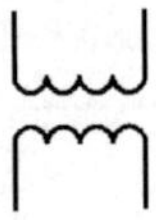	一般符号（形式2可表示瞬时电压的极性），用于电路图、接线图、平面图、总平面图、系统图，形式2只适用电路图

续表 1-8

序号	名 称	图形符号 形式1	图形符号 形式2	说 明
6	绕组间有屏蔽的双绕组变压器			
7	一个绕组上有中间抽头的变压器			
8	星形-三角形连接的三相变压器			用于电路图、接线图、平面图、总平面图、系统图，形式2只适用电路图
9	具有4个抽头的星形-星形连接的三相变压器			
10	单相变压器组成的三相变压器，星形-三角形连接			
11	具有分接开关的三相变压器			星形-三角形连接，用于电路图、接线图、平面图、系统图，形式2只适用电路图

续表 1-8

序号	名 称	图形符号 形式1	图形符号 形式2	说 明
12	三相变压器			星形－星形－三角形连接，用于电路图、接线图、系统图，形式2只适用电路图
13	自耦变压器			一般符号，用于电路图、接线图、平面图、总平面图、系统图，形式2只适用电路图
14	单相自耦变压器			
15	三相自耦变压器，星形连接			用于电路图、接线图、系统图，形式2只适用电路图
16	可调压的单相自耦变压器			
17	三相感应调压器			
18	电抗器			一般符号，用于电路图、接线图、系统图，形式2只适用电路图
19	电压互感器			用于电路图、接线图、系统图，形式2只适用电路图

续表 1-8

序号	名称	图形符号 形式1	图形符号 形式2	说明
20	电流互感器			一般符号，用于电路图、接线图、平面图、总平面图、系统图，形式2只适用电路图
21	具有两个铁心，每个铁心有一个次级绕组的电流互感器			用于电路图、接线图、系统图，形式2只适用电路图，其铁心符号可以略去
22	在一个铁心上具有两个次级绕组的电流互感器			用于电路图、接线图、系统图，形式2只适用电路图，其铁心符号必须画出
23	具有三条穿线一次导体的脉冲变压器或电流互感器			用于电路图、接线图、系统图，形式2只适用电路图
24	三个电流互感器			四个次级引线引出，用于电路图、接线图、系统图，形式2只适用电路图
25	具有两个铁心，每个铁心有一个次级绕组的三个电流互感器			用于电路图、接线图、系统图，形式2只适用电路图
26	两个电流互感器			导线L1和导线L3；三个次级引线引出，用于电路图、接线图、系统图，形式2只适用电路图

续表 1-8

序号	名 称	图形符号 形式1	图形符号 形式2	说 明
27	具有两个铁心,每个铁心有一个次级绕组的两个电流互感器			用于电路图、接线图、系统图,形式2只适用电路图

注:当电机需要区分不同类型时,符号"★"可采用下列字母表示:G—发电机;GP—永磁发电机;GS—同步发电机;M—电动机;MG—能作为发电机或电动机使用的电机;MS—同步电动机;MGS—同步发电机－电动机等。

表 1-9 变换器、整流器、逆变器等器件图形符号

序号	名 称	图形符号	说 明
1	物件	○	一般符号,用于电路图、接线图、平面图、系统图
2		□	
3		▭	
4	有稳定输出电压的变换器		电路图、接线图、系统图
5	频率由 f1 变到 f2 的变频器		f1 和 f2 可用输入和输出频率的具体数值代替,用于电路图、系统图
6	直流/直流变换器		用于电路图、接线图、系统图
7	整流器		
8	逆变器		
9	整流器/逆变器		

续表 1-9

序号	名　称	图形符号	说　明
10	原电池		长线代表阳极，短线代表阴极，用于电路图、接线图、系统图
11	静止电能发生器	 G	一般符号，用于电路图、接线图、平面图、系统图
12	光电发生器	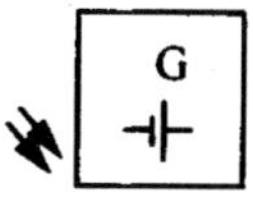 G	用于电路图、接线图、系统图
13	剩余电流监视器		

注：* □可作为电气箱（柜、屏）的图形符号，当需要区分其类型时，宜在□内标注下列字母：LB—照明配电箱；ELB—应急照明配电箱；PB—动力配电箱；EPB—应急动力配电箱；WB—电度表箱；SB—信号箱。TB—电源切换箱；CB—控制箱、操作箱。

表 1-10　开关、触点、继电器及保护器件图形符号

序号	名　称	图形符号		说　明
		形式 1	形式 2	
1	动合（常开）触点，开关			一般符号，用于电路图、接线图
2	动断（常闭）触点			用于电路图、接线图
3	先断后合的转换触点			
4	中间断开的转换触点			

续表 1-10

序号	名 称	图形符号 形式1	图形符号 形式2	说 明
5	先合后断的双向转换触点			用于电路图、接线图
6	延时闭合的动合触点			当带该触点的器件被吸合时，此触点延时闭合，用于电路图、接线图
7	延时断开的动合触点			当带该触点的器件被释放时，此触点延时断开，用于电路图、接线图
8	延时断开的动断触点			当带该触点的器件被吸合时，此触点延时断开，用于电路图、接线图
9	延时闭合的动断触点			当带该触点的器件被释放时，此触点延时闭合，用于电路图、接线图
10	自动复位的手动按钮开关			
11	无自动复位的手动旋转开关			用于电路图、接线图
12	具有动合触点且自动复位的蘑菇头式的应急按钮开关			

续表 1-10

序号	名称	图形符号 形式1	图形符号 形式2	说明
13	带有防止无意操作的手动控制的具有动合触点的按钮开关	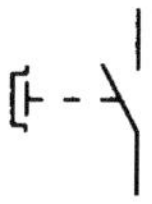		用于电路图、接线图
14	热继电器，动断触点	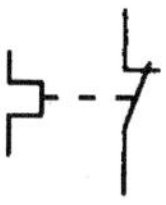		
15	液位控制开关，动合触点	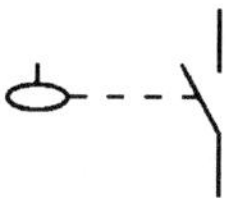		
16	液位控制开关，动断触点	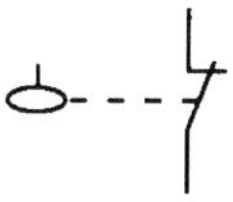		
17	带位置图示的多位开关	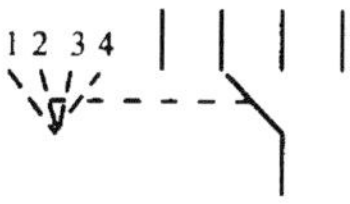		最多四位，用于电路图
18	接触器；接触器的主动合触点			在非操作位置上触点断开，用于电路图、接线图
19	接触器；接触器的主动断触点			在非操作位置上触点闭合，用于电路图、接线图
20	隔离器			用于电路图、接线图
21	隔离开关			
22	带自动释放功能的隔离开关			具有由内装的测量继电器或脱扣器触发的自动释放功能，用于电路图、接线图

续表 1-10

序号	名　称	图形符号 形式1	图形符号 形式2	说　明
23	断路器			一般符号，用于电路图、接线图
24	带隔离功能断路器			
25	剩余电流动作断路器			用于电路图、接线图
26	带隔离功能的剩余电流动作断路器			
27	继电器线圈，驱动器件			一般符号，用于电路图、接线图
28	缓慢释放继电器线圈			
29	缓慢吸合继电器线圈			用于电路图、接线图
30	热继电器的驱动器件			
31	熔断器			一般符号，用于电路图、接线图

续表 1-10

序号	名称	图形符号 形式1	图形符号 形式2	说明
32	熔断器式隔离器			用于电路图、接线图
33	熔断器式隔离开关			
34	火花间隙			
35	避雷器			
36	多功能电器，控制与保护开关电器（CPS）			该多功能开关器件可通过使用相关功能符号表示可逆功能、断路器功能、隔离功能、接触器功能和自动脱扣功能。当使用该符号时，可省略不采用的功能符号要素，用于电路图、系统图

表 1-11 测量仪表、灯和信号器件图形符号

序号	名称	图形符号	说明
1	电压表	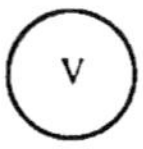	用于电路图、接线图、系统图
2	电度表（瓦时计）	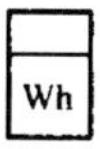	
3	复费率电度表	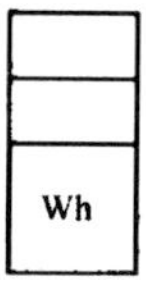	示出二费率，用于电路图、接线图、系统图
4	信号灯*		一般符号，用于电路图、接线图、平面图、系统图

续表 1-11

序号	名称	图形符号	说明
5	音响信号装置		一般符号（电喇叭、电铃、单击电铃、电动汽笛），用于电路图、接线图、平面图、系统图
6	蜂鸣器		用于电路图、接线图、平面图、系统图

注：*当信号灯需要指示颜色，宜在符号旁标注下列字母：YE—黄；RD—红；GN—绿；BU—蓝；WH—白。如果需要指示光源种类，宜在符号旁标注下列字母：Na—钠气；Xe—氙；IN—白炽灯；Hg—汞；I—碘。EL—电致发光的；ARC—弧光；IR—红外线的；FL—荧光的；UV—紫外线的；LED—发光二极管。

表 1-12 接线盒、启动器、插座图形符号

序号	名称	图形符号		说明
		形式 1	形式 2	
1	连接盒	○		一般符号
2	连接盒，接线盒	⊙		用于平面图
3	用户端			供电引入设备
4	配电中心			—
5	电动机启动器		MS	一般符号，用于电路图、接线图、系统图，形式 2 用于平面图
6	星-三角启动器		SDS	用于电路图、接线图、系统图，形式 2 用于平面图
7	带自耦变压器的启动器		SAT	
8	带可控硅整流器的调节-启动器		ST	

续表 1-12

序号	名　称	图形符号		说　明
		形式1	形式2	
9	电源插座、插孔	⊥		一般符号，用于不带保护极的电源插座，用于平面图
10	多个电源插座	⊥³		表示三个插座，用于平面图
11	带保护极的电源插座			用于平面图
12	带滑动防护板的电源插座			
13	单相二、三极电源插座			
14	带单极开关的电源插座			
15	带保护极和单极开关的电源插座			
16	带联锁开关的电源插座			
17	带隔离变压器的电源插座			例如剃须插座，用于平面图
18	电信插座			—

注：当电源插座需要区分不同类型时，宜在符号旁标注下列字母：1P—单相；3P—三相；1C—单相暗敷；3C—三相暗敷；1EX—单相防爆；3EX—三相防爆；1EN—单相密闭；3EN—三相密闭。

表 1-13　照明开关、按钮及引出线图形符号

序号	名　称	图形符号	说　明
1	开关（单联单控开关）		一般符号，用于平面图

续表 1-13

序号	名　称	图形符号	说　明
2	双联单控开关		用于平面图
3	三联单控开关		
4	n 联单控开关，n>3		
5	带指示灯的开关（带指示灯的单联单控开关）		
6	带指示灯双联单控开关		
7	带指示灯的三联单控开关		
8	带指示灯的 n 联单控开关，n>3		
9	单极限时开关		
10	单极声光控开关		
11	墙壁明装单极开关		
12	墙壁暗装单极开关		
13	墙壁密封（防水）单极开关		
14	墙壁防爆单极开关		

续表 1-13

序号	名　称	图形符号	说　明
15	双控单极开关		
16	多位单极开关		
17	单极拉线开关		
18	单极双控拉线开关		—
19	双极开关		
20	中间开关		
21	调光器		
22	风机盘管三速开关		
23	按钮		用于平面图
24	带指示灯的按钮		
25	防止无意操作的按钮		例如借助于打碎玻璃罩进行保护，用于平面图

续表 1-13

序号	名称	图形符号	说明
26	定时器	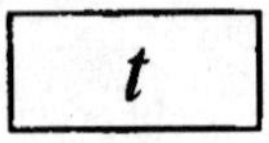 t	
27	定时开关	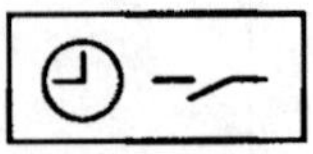	
28	钥匙开关		—
29	照明引出线位置		
30	墙上照明引出线	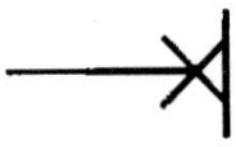	

表 1-14 照明灯具、风扇、热水器及泵图形符号

序号	名称	图形符号	说明
1	灯		一般符号,用于平面图
2	应急疏散指示标志灯	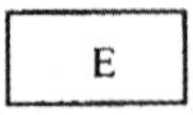 E	
3	应急疏散指示标志灯(向右)	 →	
4	应急疏散指示标志灯(向左)	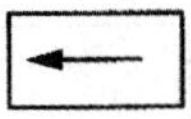 ←	用于平面图
5	应急疏散指示标志灯(向左、向右)	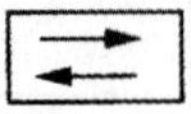 ⇌	
6	专用电路上的应急照明灯		
7	自带电源的应急照明灯		
8	荧光灯(单管荧光灯)		一般符号,用于平面图

续表 1-14

序号	名称	图形符号	说明
9	二管荧光灯		用于平面图
10	三管荧光灯		
11	多管荧光灯，n>3		
12	防爆荧光灯		—
13	密闭防爆灯		
14	单管格栅灯		用于平面图
15	双管格栅灯		
16	三管格栅灯		
17	壁灯		—
18	天棚灯		
19	投光灯		一般符号，用于平面图
20	聚光灯		用于平面图
21	泛光灯		
22	弯灯		—
23	防水防尘灯		

续表 1-14

序号	名　称	图形符号	说　明
24	风扇；风机		用于平面图
25	热水器		—
26	泵		

注：当灯具需要区分不同类型时，宜在符号旁标注下列字母：ST—备用照明；SA—安全照明；LL—局部照明灯；W—壁灯；C—吸顶灯；R—筒灯；EN—密闭灯；G—圆球灯；EX—防爆灯；E—应急灯；L—花灯；P—吊灯；BM—浴霸。

2. 弱电图样常用图形符号

1）通信及综合布线系统图样常用图形符号见表 1-15 ~ 表 1-20。

表 1-15　配线架（柜）及插座

序号	名　称	图形符号		说　明
		形式 1	形式 2	
1	总配线架（柜）	MDF		系统图、平面图
2	光纤配线架（柜）	ODF		
3	中间配线架（柜）	IDF		
4	建筑物配线架（柜）	BD	BD	有跳线连接，用于系统图
5	楼层配线架（柜）	FD	FD	
6	建筑群配线架（柜）	CD		用于平面图、系统图
7	建筑物配线架（柜）	BD		
8	楼层配线架（柜）	FD		
9	集线器	HUB		

续表 1-15

序号	名称	图形符号 形式1	图形符号 形式2	说明
10	交换机	SW		用于平面图、系统图
11	集合点	CP		
12	光纤连接盘	LIU		
13	电话插座	TP	TP	
14	数据插座	TD	TD	
15	信息插座	TO	TO	
16	n孔信息插座	nTO	nTO	n为信息孔数量，例如TO—单孔信息插座；2TO—二孔信息插座，用于平面图、系统图
17	多用户信息插座	○ MUTO		用于平面图、系统图

表 1-16 光 缆

序号	名称	图形符号	说明
1	光缆	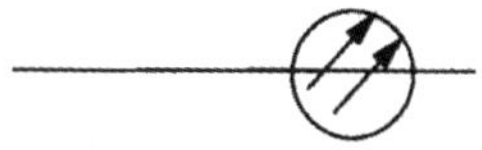	光纤或光缆的一般符号
2	多模突变型光纤	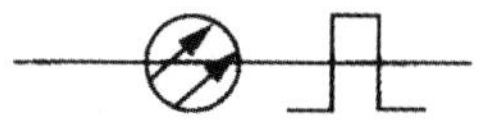	
3	单模突变型光纤		—
4	渐变型光纤	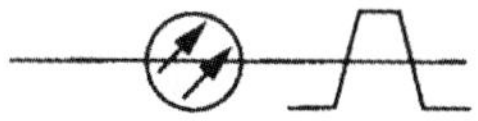	
5	光缆参数标注	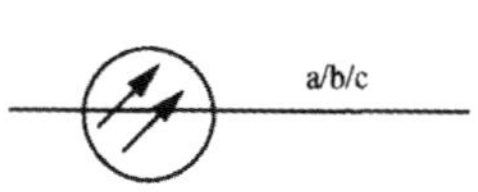 a/b/c	a—光缆型号 b—光缆芯数 c—光缆长度

续表1-16

序号	名 称	图形符号	说 明
6	永久接头		—
7	可拆卸固定接头		—
8	光连接器（插头-插座）		—

表1-17 通信线路

序号	名 称	图形符号	说 明
1	通信线路		通信线路的一般符号
2	直埋线路		用于路由图
3	水下线路、海底线路		用于路由图
4	架空线路		
5	管道线路		管道数量、应用的管孔位置、截面尺寸或其他特征（如管孔排列形式）可标注在管道线路的上方，虚斜线可作为人（手）孔的简易画法，适用于路由图
6	线路中的充气或注油堵头		—
7	具有旁路的充气或注油堵头的线路		—
8	沿建筑物敷设：通信线路		用于路由图
9	接图线		—

表1-18 线路设施与分线设备

序号	名 称	图形符号	说 明
1	防电缆光缆蠕动装置		类似于水底光电缆的丝网或网套锚固

续表 1-18

序号	名称	图形符号	说明
2	线路集中器		—
3	埋式光缆电缆铺砖、铺水泥盖板保护		可加文字标注明铺砖为横铺、竖铺及铺设长度或注明铺水泥盖板及铺设长度
4	埋式光缆电缆穿管保护		可加文字标注表示管材规格及数量
5	埋式光缆电缆上方敷设排流线		
6	埋式电缆旁边敷设防雷消弧线		
7	光缆电缆预留		—
8	光缆电缆蛇形敷设		
9	电缆充气点		
10	直埋线路标石		直埋线路标石的一般符号,加注 V 表示气门标石,加注 M 表示监测标石
11	光缆电缆盘留		
12	电缆气闭套管		
13	电缆直通套管		
14	电缆分支套管		

续表 1-18

序号	名 称	图形符号	说 明
15	电缆接合型接头套管		—
16	引出电缆监测线的套管		
17	含有气压报警信号的电缆套管		
18	压力传感器		
19	电位针式压力传感器		
20	电容针式压力传感器		
21	水线房		—
22	水线标志牌	或	单杆及双杆水线标牌
23	通信线路巡房		—
24	光电缆交接间		
25	架空交接箱		加 GL 表示光缆架空交接箱
26	落地交接箱		加 GL 表示光缆落地交接箱
27	壁龛交接箱		加 GL 表示光缆壁龛交接箱
28	分线盒	简化形	分线盒一般符号,可按照以下形式加注字母: $\dfrac{N-B}{C} \bigg\| \dfrac{d}{D}$ 其中:N—编号;B—容量;C—线序;d—现有用户数;D—设计用户数

续表 1-18

序号	名　称	图形符号	说　明
29	室内分线盒		—
30	室外分线盒		—
31	分线箱	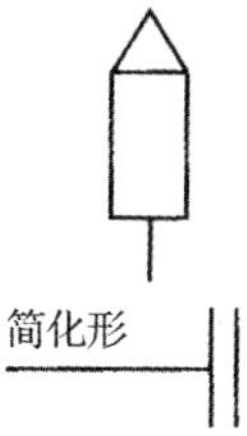 简化形	分线箱的一般符号，加注同序号28
32	壁龛分线箱	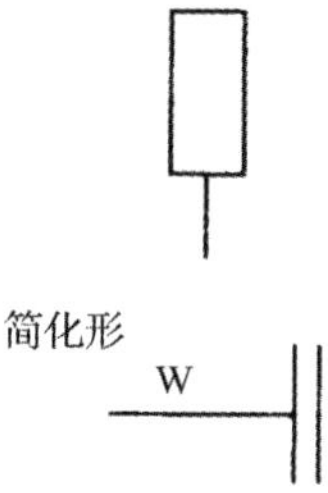 简化形 W	壁龛分线箱的一般符号，加注同序号28

表 1-19　通信杆路

序号	名　称	图形符号	说　明
1	电杆		一般符号，可以用文字符号 A-B/C 标注。其中 A—杆路或所属部门；B—杆长；C—杆号
2	单接杆	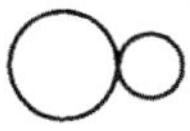	
3	品接杆		—
4	H型杆	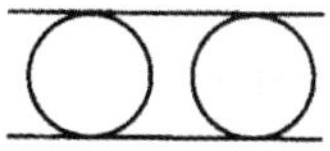	
5	L型杆	 L	

续表 1-19

序号	名 称	图形符号	说 明
6	A 型杆	Ⓐ	—
7	三角杆	△(圆圈内)	—
8	四角杆	#(圆圈内)	—
9	带撑杆的电杆		—
10	带撑杆拉线的电杆		—
11	引上杆		小黑点表示电缆或光缆
12	通信电杆上装设避雷线		—
13	通信电杆上装设带有火花间隙的避雷线		—
14	通信电杆上装设放电器		在 A 处注明放电器型号
15	电杆保护用围桩		河中打桩杆
16	分水桩		—

续表 1-19

序号	名　　称	图形符号	说　　明
17	单方拉线	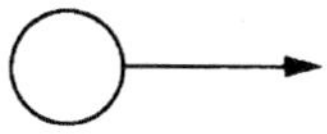	拉线的一般符号
18	双方拉线	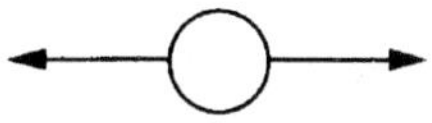	
19	四方拉线	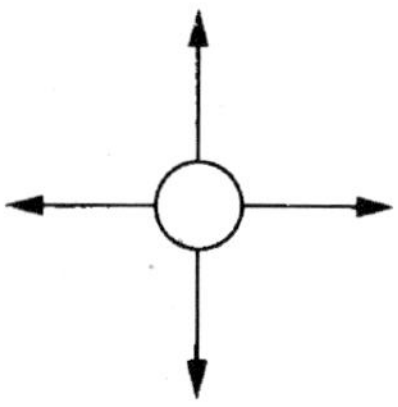	—
20	有 V 型拉线的电杆		
21	有高桩拉线的电杆	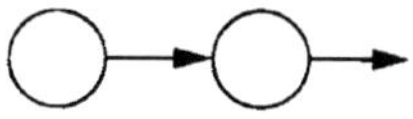	
22	横木或卡盘		

表 1-20　通　信　管　道

序号	名　　称	图形符号	说　　明
1	直通型人孔		一般符号
2	手孔	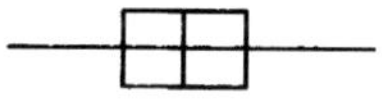	
3	局前人孔	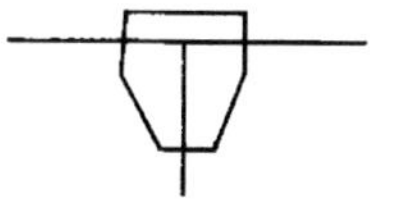	—
4	斜通型人孔	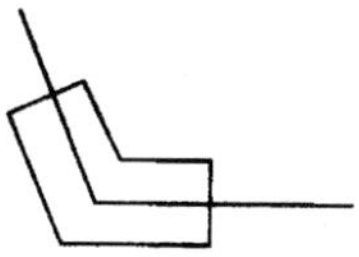	
5	三通型人孔	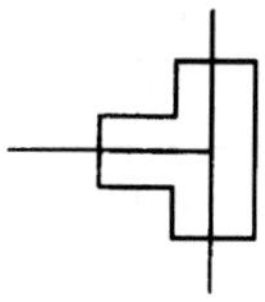	

续表1-20

序号	名　称	图形符号	说　明
6	四通型人孔	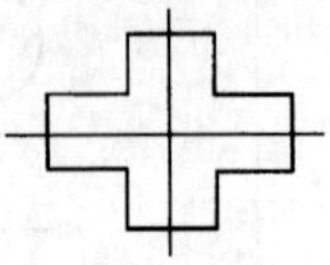	—
7	埋式手孔	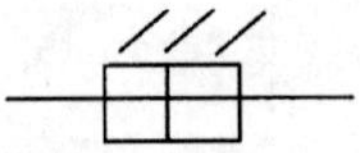	

2) 火灾自动报警系统图样常用图形符号见表1-21~表1-24。

表1-21 报警触发装置

序号	名　称	图形符号	
		形式1	形式2
1	感温火灾探测器（点型）		
2	感温火灾探测器（点型、非地址码型）	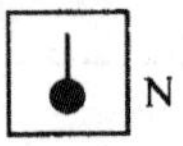 N	
3	感温火灾探测器（点型、防爆型）	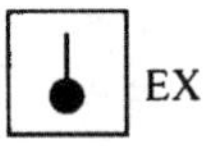 EX	
4	感温火灾探测器（线型）	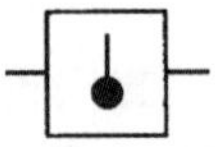	
5	点型定温火灾探测器	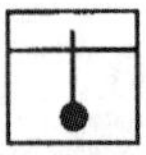	
6	点型差温火灾探测器		
7	点型差定温火灾探测器	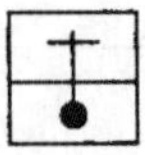	
8	感烟火灾探测器（点型）		
9	感烟火灾探测器（点型、非地址码型）	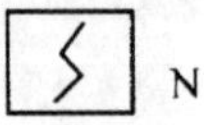 N	
10	感烟火灾探测器（点型、防爆型）	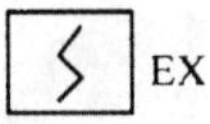 EX	

续表 1-21

序号	名　　称	图形符号	
		形式1	形式2
11	感光火灾探测器（点型）		
12	红外感光火灾探测器（点型）		
13	紫外感光火灾探测器（点型）		
14	可燃气体探测器（点型）		
15	点型离子感烟火灾探测器		
16	点型光电感烟火灾探测器		
17	吸气型感烟火灾探测器		
18	点型复合式感烟感温火灾探测器		
19	独立式感烟火灾探测器		
20	复合式感光感烟火灾探测器（点型）		
21	复合式感光感温火灾探测器（点型）		
22	线型感温火灾探测器		
23	线型定温火灾探测器		
24	线型差温火灾探测器		

续表 1-21

序号	名 称	图形符号 形式1	形式2
25	线型差定温火灾探测器		
26	线型光束感烟火灾探测器		
27	光束感烟火灾探测器（线型，发射部分）		
28	光束感烟火灾探测器（线型，接受部分）		
29	线型感烟感温火灾探测器（线型，发射部分）		
30	光束感烟感温火灾探测器（线型，发射部分）		
31	光束感烟感温火灾探测器（线型，接受部分）		
32	线型可燃气体探测器		
33	消防通风口的手动控制器		
34	消防通风口的热启动控制器		
35	带火警电话插孔的手动报警按钮		
36	水流指示器（组）		
37	压力开关		
38	70℃动作的常开防火阀		
39	280℃动作的常开排烟阀		

续表 1-21

序号	名 称	图 形 符 号	
		形式1	形式2
40	280℃动作的常闭排烟阀	Φ 280℃	
41	加压送风口	Φ	
42	排烟口	Φ SE	

表 1-22 报 警 装 置

序号	名称	图形符号
1	火灾报警控制器*	★
2	火灾报警控制器	B
3	通用型火灾报警控制器	BT
4	集中型火灾报警控制器	BJ
5	区域型火灾报警控制器	BQ
6	火灾报警控制器（联动型）	BL
7	无线火灾报警控制器	BW
8	光纤火灾报警控制器	BX
9	可燃气体报警控制器	KQ
10	火灾显示盘	X

注：*当火灾报警控制器需要区分不同类型时，符号"★"可采用下列字母：C—集中型火灾报警控制器；Z—区域型火灾报警控制器；G—通用火灾报警控制器；S—可燃气体报警控制器。

表1-23 控制及辅助装置

序号	名　称	图形符号
1	控制和指示设备*	★
2	消防联动控制器	KL
3	防火卷帘控制器	KJL
4	防烟设备控制器	KFY
5	排烟设备控制器	KPY
6	自动灭火控制器	KMH
7	防火门控制器	KFM
8	输入/输出模块	M
9	输入模块	MR
10	输出模块	MC
11	消防应急电源（交换）	DY∼
12	消防应急电源（直流）	DY
13	消防应急电源（交直流）	DY≃
14	中继器	ZJ
15	短路隔离器	DG

续表 1-23

序号	名　　称	图 形 符 号
16	消防应急照明灯	ZM
17	疏散指示标志灯	BZ-S
18	消防设施标志灯	BZ-SH
19	照明标志灯	ZM-BZ
20	电话插孔	◎
21	门灯	⊗
22	接线盒	JX
23	显示器	CRT

注：* 当控制和指示设备需要区分不同类型时，符号"★"可采用下列字母表示：RS—防火卷帘门控制器；RD—防火门磁释放器；I/O—输入/输出模块；I—输入模块；O—输出模块；P—电源模块；T—电信模块；SI—短路隔离器；M—模块箱；SB—安全栅；D—火灾显示盘；FI—楼层显示盘；CRT—火灾计算机图形显示系统；FPA—火警广播系统；MT—对讲电话主机；BO—总线广播模块；TP—总线电话模块。

表 1-24　火灾警报装置

序号	名　　称	图 形 符 号
1	火警电铃	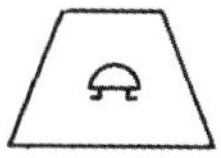
2	消防电话	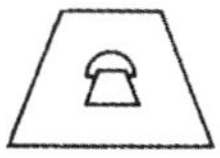
3	火灾声警报器	
4	火灾光警报器	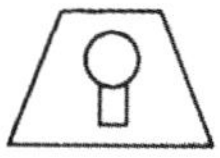

续表 1-24

序号	名称	图形符号
5	火灾声、光警报器	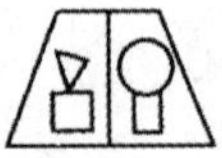
6	火灾应急广播扬声器	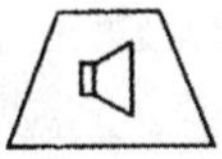

3) 有线电视及卫星电视接收系统图样常用图形符号见表 1-25。

表 1-25　有线电视及卫星电视接收系统图样常用图形符号

序号	名称	图形符号		说明
		形式1	形式2	
1	天线			一般符号，用于电路图、接线图、平面图、总平面图、系统图
2	带馈线的抛物面天线	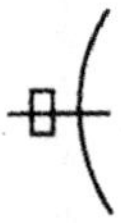		
3	有本地天线引入的前端			符号表示一条馈线支路，用于平面图、总平面图
4	无本地天线引入的前端			符号表示一条输入和一条输出通路，用于平面图、总平面图
5	放大器、中继器			一般符号，三角形指向传输方向，用于电路图、接线图、平面图、总平面图、系统图
6	双向分配放大器			用于电路图、接线图、平面图、总平面图、系统图
7	均衡器			用于平面图、总平面图、系统图
8	可变均衡器			

续表 1-25

序号	名　称	图形符号 形式1	图形符号 形式2	说　明
9	固定衰减器	-[A]-		用于电路图、接线图、系统图
10	可变衰减器	-[A]-		
11	线路电源器件	[∼]		
12	供电阻塞	—‖—		用于平面图、安装图、接线图
13	线路电源接入点			—
14	解调器		DEM	用于接线图、系统图，形式2用于平面图
15	调制器		MO	
16	调制解调器		MOD	
17	分配器			一般符号（表示两路分配器），用于电路图、接线图、平面图、系统图
18	分配器			一般符号（表示三路分配器），用于电路图、接线图、平面图、系统图
19	分配器			一般符号（表示四路分配器），用于电路图、接线图、平面图、系统图

续表 1-25

序号	名称	图形符号 形式1	图形符号 形式2	说明
20	系统出线端		○—	用于电路图、接线图、平面图、系统图
21	环路系统出线端,串联出线端		—○—	
22	分支器		—○—	一般符号(表示一个信号分支),用于电路图、接线图、平面图、系统图
23	分支器		—⊕—	一般符号(表示两个信号分支),用于电路图、接线图、平面图、系统图
24	分支器		—⊕—	一般符号(表示四个信号分支),用于电路图、接线图、平面图、系统图
25	混合器		▷	一般符号(表示两路混合器,信息流从左到右)
26	电视插座	(TV)	TV	用于平面图、系统图

4) 广播系统图样常用图形符号见表 1-26。

表 1-26 广播系统图样常用图形符号

序号	名称	图形符号	说明
1	传声器	⊲	一般符号,用于系统图、平面图
2	扬声器	◁ 注1	
3	嵌入式安装扬声器箱	◉	用于平面图
4	扬声器箱、音箱、声柱	◁ 注1	

续表 1-26

序号	名称	图形符号	说明
5	号筒式扬声器		用于系统图、平面图
6	调谐器、无线电接收机		用于接线图、平面图、总平面图、系统图
7	放大器	注2	一般符号，用于接线图、平面图、总平面图、系统图
8	传声器插座		用于平面图、总平面图、系统图

注：1 当扬声器箱、音箱、声柱需要区分不同的安装形式时，宜在符号旁标注下列字母：C—吸顶式安装；R—嵌入式安装；W—壁挂式安装。
  2 当放大器需要区分不同类型时，宜在符号旁标注下列字母：A—扩大机；PRA—前置放大器；AP—功率放大器。

5）安全技术防范系统图样常用图形符号见表 1-27～表 1-33。

表 1-27 安全技术防范系统图样常用图形符号

序号	名称	图形符号	说明
1	栅栏		单位地域界标
2	监视区边界		区内有监控，人员出入受控制
3	保护区边界（防护区）		全部在严密监控防护之下，人员出入受限制
4	加强保护区边界（禁区）		位于保护区内，人员出入禁区受严格限制
5	保安巡逻打卡器		—
6	警戒电缆传感器		

续表 1-27

序号	名 称	图形符号	说 明
7	警戒感应处理器		长方形，长:宽=1:0.6
8	周界报警控制器		—
9	接口盒		—
10	主动红外探测器	Tx --IR-- Rx	发射、接收分别为 Tx、Rx
11	引力导线探测器	□--W--□	
12	静电场或电磁场探测器	□--E--□	
13	遮挡式微波探测器	Tx --M-- Rx	
14	埋入线电场扰动探测器	□--L--□	
15	弯曲或震动电缆探测器	□--C--□	—
16	拾音器电缆探测器	□--α--□	
17	光缆探测器	□--F--□	
18	压力差探测器	□--✓--□	
19	高压脉冲探测器	□--H--□	
20	激光探测器	□--LD--□	

表 1-28 出入口控制设备图形符号

序号	名 称	图形符号	说 明
1	楼宇对讲系统主机		—
2	对讲电话分机		
3	可视对讲摄像机		
4	可视对讲机		
5	内部对讲设备		
6	可视对讲户外机		
7	电控锁	EL	用于平面图、系统图
8	磁力锁	M	
9	卡控旋转栅门		—
10	卡控旋转门		
11	卡控叉形转栏		
12	出入口数据处理设备		

续表 1-28

序号	名称	图形符号	说明
13	读卡器	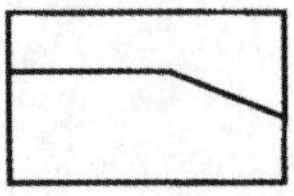	
14	键盘读卡器	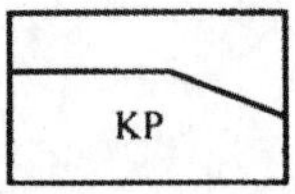 KP	
15	指纹识别器	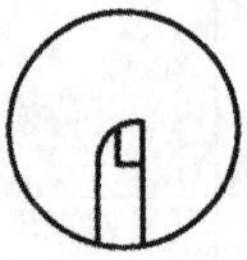	
16	掌纹识别器		—
17	人像识别器	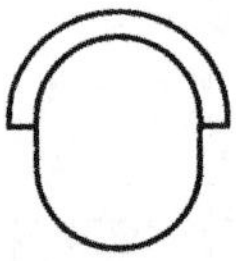	
18	眼纹识别器	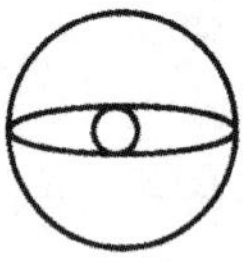	
19	声控锁	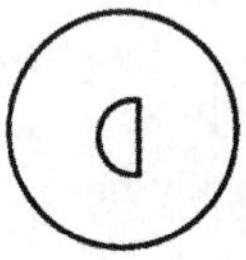	

表 1-29 报警开关图形符号

序号	名称	图形符号
1	报警开关	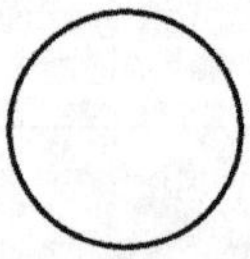
2	紧急脚挑开关	

续表 1-29

序号	名　　称	图形符号
3	钞票夹开关	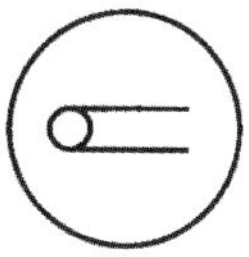
4	紧急按钮开关	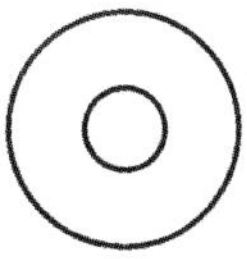
5	压力垫开关	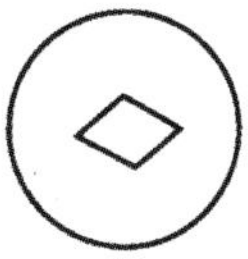
6	门磁开关	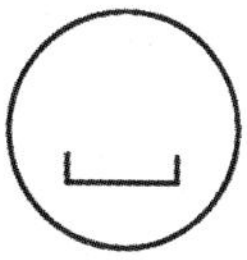
7	电锁按键	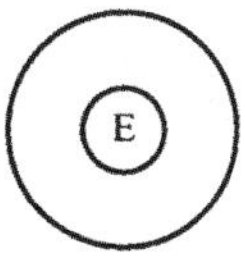
8	锁匙开关	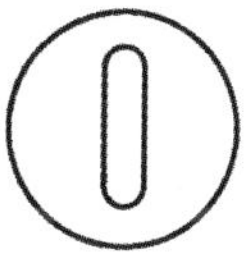
9	密码开关	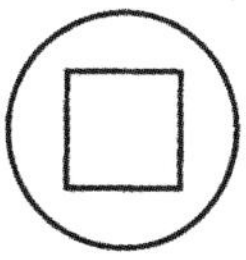

表 1-30　振动、接近式探测器图形符号

序号	名　　称	图形符号	说　　明
1	振动、接近式探测器	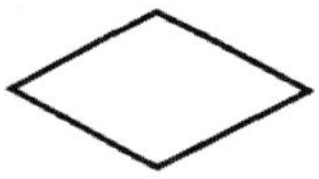	—
2	声波探测器	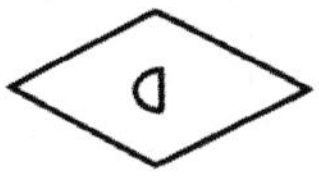	

续表 1-30

序号	名称	图形符号	说明
3	分布电容探测器	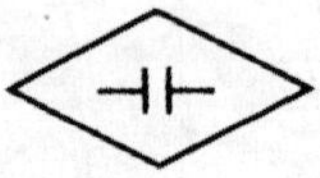 ◇⊣⊢◇	—
4	压敏探测器	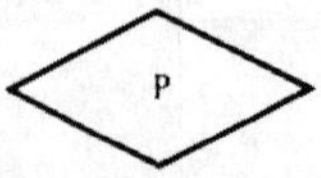 ◇P◇	—
5	玻璃破碎探测器	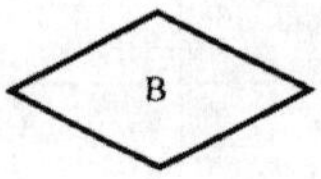 ◇B◇	—
6	振动探测器	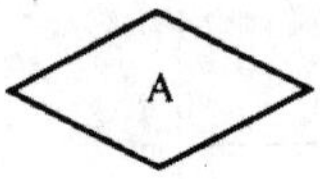 ◇A◇	结构的或惯性的含振动分析器
7	振动声波复合探测器	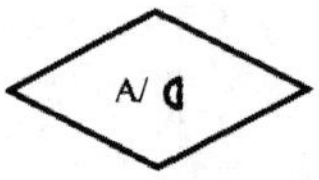 ◇A/ɑ◇	—
8	商品防盗探测器	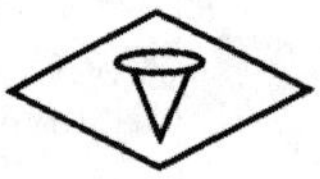 ◇▽◇	—
9	易燃气体探测器	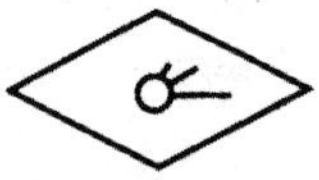 ◇ɑ◇	例如煤气、天然气、液化石油气等
10	感应线圈探测器	 ◇σ◇	—

表 1-31 空间移动探测图形符号

序号	名称	图形符号	说明
1	空间移动探测器	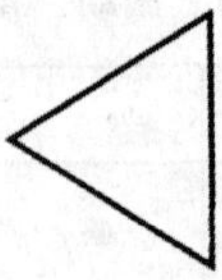 ◁	—
2	被动红外入侵探测器	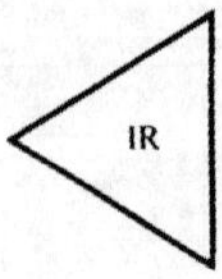 ◁IR	—

续表 1-31

序号	名 称	图形符号	说 明
3	微波入侵探测器	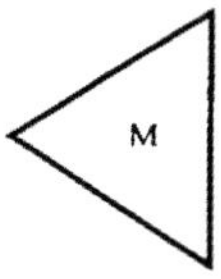 △M	—
4	超声波入侵探测器	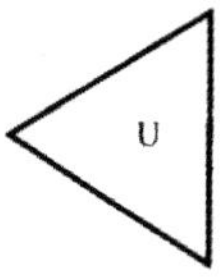 △U	
5	被动红外/超声波双技术探测器	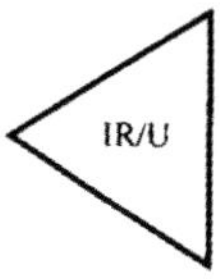 △IR/U	
6	被动红外/微波双技术探测器	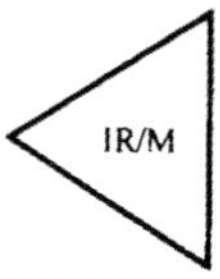 △IR/M	
7	三复合探测器	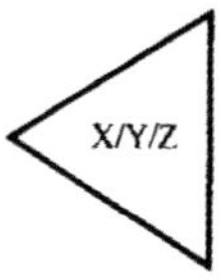 △X/Y/Z	X、Y、Z也可是相同的，如 X = Y = Z = IR

表 1-32 声、光报警器图形符号

序号	名 称	图形符号	说 明
1	声、光报警器	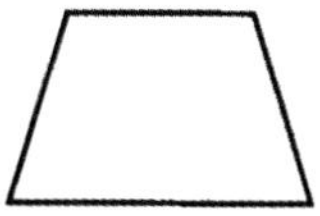	具有内部电源
2	声、光报警箱	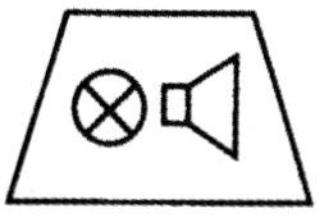	—
3	报警灯箱	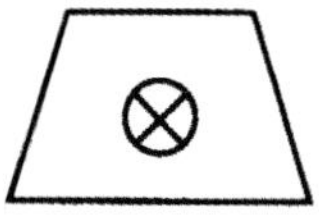	
4	警铃箱	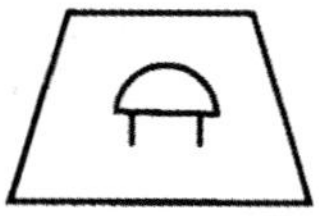	

续表 1-32

序号	名称	图形符号	说明
5	警号箱	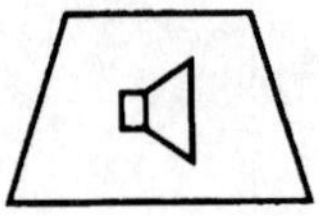	语言报警同一符号

表 1-33　电视监控设备图形符号

序号	名称	图形符号	说明
1	标准镜头		虚线代表摄像机体
2	广角镜头		
3	自动光圈镜头	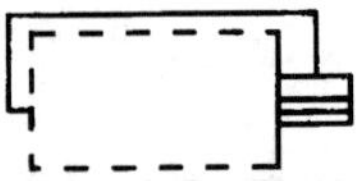	
4	自动光圈电动聚焦镜头	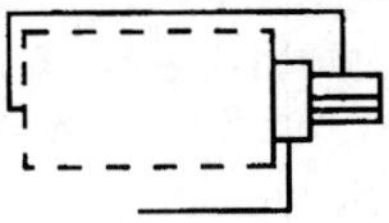	—
5	三可变镜头	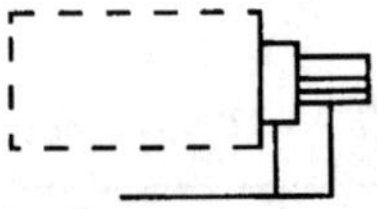	
6	黑白摄像机		带标准镜头的黑白摄像机
7	彩色摄像机	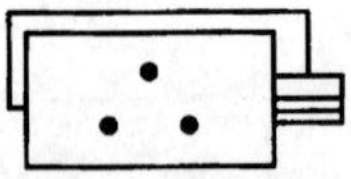	带自动光圈镜头的彩色摄像机
8	微光摄像机	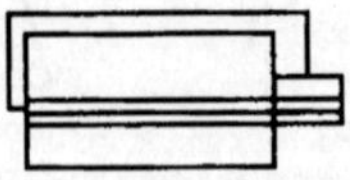	自动光圈，微光摄像机
9	室外防护罩	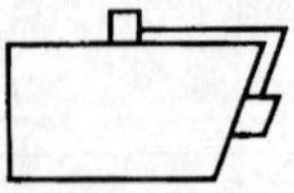	—
10	室内防护罩		

续表 1-33

序号	名　　称	图形符号		说　　明
11	摄像机			用于平面图、系统图
12	彩色摄像机			
13	彩色转黑白摄像机			
14	带云台的摄像机			
15	有室外防护罩的摄像机	OH		
16	网络（数字）摄像机	IP		
17	红外摄像机	IR		
18	红外带照明灯摄像机	IR ⊗		
19	半球形摄像机	H		
20	全球摄像机	R		
21	时滞录像机			—
22	录像机			普通录像机，彩色录像机通用符号
23	监视器			用于平面图、系统图
24	彩色监视器			

续表 1-33

序号	名 称	图形符号	说 明
25	视频移动报警器	VM	—
26	视频顺序切换器	VS（Y输出，X输入）	(1) X 代表几路输入 (2) Y 代表几路输出
27	视频补偿器	VA	—
28	时间信号发生器	TG	—
29	视频分配器	VD（Y输出，X输入）	(1) X 代表几路输入 (2) Y 代表几路输出
30	云台	△	—
31	云台、镜头控制器	△	—
32	图像分割器	⊞ (X)	X 代表画面数

续表 1-33

序号	名 称	图形符号	说 明
33	光、电信号转换器	O/E 方框符号	—
34	电、光信号转换器	E/O 方框符号	—
35	云台、镜头解码器	P/L 方框符号	—
36	短阵控制器	方框符号（A_o、M、P、K、A_i、C 端口）	A_i—报警输入 A_o—报警输出 C—视频输入 P—云台镜头控制 K—键盘控制 M—视频输出
37	数字监控主机	DE 方框符号（M、VGA、P、K、A、C 端口）	VGA—电脑显示器（主输出） M—分控输出、监视器 K—鼠标、键盘 其余同上

6) 建筑设备监控系统图样常用图形符号见表 1-34。

表 1-34 建筑设备监控系统图样常用图形符号

序号	名 称	图形符号		应用类别
		形式 1	形式 2	
1	温度传感器		T	用于电路图、平面图、系统图
2	压力传感器		P	
3	湿度传感器	M	H	
4	压差传感器	PD	ΔP	

续表 1-34

序号	名 称	图形符号 形式1	图形符号 形式2	应用类别
5	流量测量元件	(GE*)		
6	流量变送器	(GT*)		
7	液位变送器	(LT*)		
8	压力变送器	(PT*)		
9	温度变送器	(TT*)		
10	湿度变送器	(MT*)	(HT*)	*为位号，用于电路图、平面图、系统图
11	位置变送器	(GT*)		
12	速率变送器	(ST*)		
13	压差变送器	(PDT*)	(ΔPT*)	
14	电流变送器	(IT*)		
15	电压变送器	(UT*)		
16	电能变送器	(ET*)		
17	模拟/数字变换器	A/D		用于电路图、平面图、系统图
18	数字/模拟变换器	D/A		
19	热能表	HM		

续表1-34

序号	名称	图形符号		应用类别
		形式1	形式2	
20	燃气表		GM	用于电路图、平面图、系统图
21	水表		WM	
22	电动阀	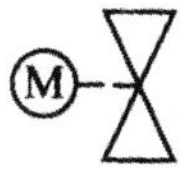	Ⓜ⋈	
23	电磁阀	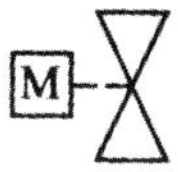	[M]⋈	

3. 电气线路线型符号与电气设备标注方式

（1）电气线路线型符号　图样中的电气线路可采用表1-35的线型符号绘制。

当同一类型或同一系列的电气设备、线路（回路）、元器件等的数量大于或等于2时，应进行编号。

电气线路的标注应符合下列规定：

1）应标注电气线路的回路编号或参照代号、线缆型号及规格、根数、敷设方式、敷设部位等信息。

2）对于弱电线路，宜在线路上标注本系列的线型符号，线型符号应按表1-35标注。

3）对于封闭母线、电缆梯架、托盘和槽盒宜标注其规格及安装高度。

表1-35　图样中的电气线路线型符号

序号	名称	线型符号	
		形式1	形式2
1	信号线路	——S——	——S——
2	控制线路	——C——	——C——
3	应急照明线路	——EL——	——EL——
4	保护接地线	——PE——	——PE——
5	接地线	——E——	——E——
6	接闪线、接闪带、接闪网	——LP——	——LP——

续表 1-35

序号	名称	线型符号	
		形式 1	形式 2
7	电话线路	——TP——	——TP——
8	数据线路	——TD——	——TD——
9	有线电视线路	——TV——	——TV——
10	广播线路	——BC——	——BC——
11	视频线路	——V——	——V——
12	综合布线系统线路	——GCS——	——GCS——
13	消防电话线路	——F——	——F——
14	50V 以下的电源线路	——D——	——D——
15	直流电源线路	——DC——	——DC——
16	光缆,一般符号		

(2) 电气设备标注方式

绘制图样时,宜采用表 1-36 的电气设备标注方式表示。电气设备的标注应符合下列规定:

1) 宜在用电设备的图形符号附近标注其额定功率、参照代号。

2) 对于电气箱(柜、屏),应在其图形符号附近标注参照代号,并宜标注设备安装容量。

3) 对于照明灯具,宜在其图形符号附近标注灯具的数量、光源数量、光源安装容量、安装高度、安装方式。

表 1-36 电气设备标注方式

序号	项目	标注方式	说明
1	用电设备标注	$\dfrac{a}{b}$	a—参照代号; b—额定容量(kW 或 kV·A)
2	系统图电气箱(柜、屏)标注	$-a+b/c$ 注 1	a—参照代号; b—位置信息; c—型号
3	平面图电气箱(柜、屏)标注	$-a$ 注 1	a—参照代号

续表 1-36

序号	项 目	标注方式	说 明
4	照明、安全、控制变压器标注	a b/c d	a —参照代号； b/c——一次电压/二次电压； d—额定容量
5	灯具标注	$a-b\dfrac{c \times d \times L}{e}f$ 注2	a—数量； b—型号； c—每盏灯具的光源数量； d—光源安装容量； e—安装高度（m）； "—"表示吸顶安装； L—光源种类，当信号灯需要指示颜色，宜在符号旁标注下列字母：YE—黄；RD—红；GN—绿；BU—蓝；WH—白。如果需要指示光源种类，宜在符号旁标注下列字母：Na—钠气；Xe—氙；Ne—氖；IN—白炽灯；Hg—汞；I—碘；EL—电致发光的；ARC—弧光；IR—红外线的；FL—荧光的；UV—紫外线的；LED—发光二极管； f—安装方式，见表1-39
6	电缆梯架、托盘和槽盒标注	$\dfrac{a \times b}{c}$	a—宽度（mm）； b—高度（mm）； c—安装高度（m）
7	光缆标注	a/b/c	a—型号； b—光纤芯数； c—长度
8	线缆标注	ab-c（d×e+f×g）i-jh 注3	a—参照代号； b—型号； c—电缆根数； d—相导体根数； e—根导体截面（mm²）； f—N、PE导体根数； g—N、PE导体截面（mm²）； i—敷设方式和管径，见表1-37； j—敷设部位，见表1-38； h—安装高度（m）

续表 1-36

序号	项 目	标注方式	说 明
9	电话线缆标注	a-b (c×2×d) e-f	a—参照代号； b—型号； c—导体对数； d—导体直径（mm）； e—敷设方式和管径（mm），见表 1-37； f—敷设部位，见表 1-38

注：1 前缀"—"在不会引起混淆时可省略。
    2 对于照明灯具，宜在其图形符号附近标注灯具的数量、光源数量、光源安装容量、安装高度、安装方式。
    3 当电源线缆 N 和 PE 分开标注时，应先标注 N 后标注 PE（线缆规格中的电压值在不会引起混淆时可省略）。

1.2.2 文字符号

1）图样中线缆敷设方式标注宜采用表 1-37 的文字符号。

表 1-37 线缆敷设方式标注的文字符号

名 称	文 字 符 号
穿低压流体输送用焊接钢管（钢导管）敷设	SC
穿普通碳素钢电线套管敷设	MT
穿可挠金属电线保护套管敷设	CP
穿硬塑料导管敷设	PC
穿阻燃半硬塑料导管敷设	FPC
穿塑料波纹电线管敷设	KPC
电缆托盘敷设	CT
电缆梯架敷设	CL
金属槽盒敷设	MR
塑料槽盒敷设	PR
钢索敷设	M
直埋敷设	DB
电缆沟敷设	TC
电缆排管敷设	CE

2) 线缆敷设部位标注的文字符号见表1-38。

表1-38　线缆敷设部位标注的文字符号

名　　称	文　字　符　号
沿或跨梁（屋架）敷设	AB
沿或跨柱敷设	AC
沿吊顶或顶板面敷设	CE
吊顶内敷设	SCE
沿墙面敷设	WS
沿屋面敷设	RS
暗敷设在顶板内	CC
暗敷设在梁内	BC
暗敷设在柱内	CLC
暗敷设在墙内	WC
暗敷设在地板或地面下	FC

3) 灯具安装方式标注的文字符号见表1-39。

表1-39　灯具安装方式标注的文字符号

名　　称	文　字　符　号
线吊式	SW
链吊式	CS
管吊式	DS
壁装式	W
吸顶式	C
嵌入式	R
吊顶内安装	CR
墙壁内安装	WR
支架上安装	S
柱上安装	CL
座装	HM

4) 供配电系统设计文件的标注文字符号见表1-40。

表1-40 供配电系统设计文件标注的文字符号

文字符号	名称	单位
U_n	系统标称电压,线电压(有效值)	V
U_r	设备的额定电压,线电压(有效值)	V
I_r	额定电流	A
f	频率	Hz
P_r	额定功率	kW
P_n	设备安装功率	kW
P_c	计算有功功率	kW
Q_c	计算无功功率	kvar
S_c	计算视在功率	kV·A
S_r	额定视在功率	kV·A
I_c	计算电流	A
I_{st}	启动电流	A
I_p	尖峰电流	A
I_s	整定电流	A
I_k	稳态短路电流	kA
$\cos\varphi$	功率因数	—
u_{kr}	阻抗电压	%
i_p	短路电流峰值	kA
S''_{KQ}	短路容量	MV·A
K_d	需要系数	—

5) 设备端子和导体的标志和标识见表1-41。

表1-41 设备端子和导体的标志和标识

导体		文字符号	
		设备端子标志	导体和导体终端标识
交流导体	第1线	U	L1
	第2线	V	L2
	第3线	W	L3
	中性导体	N	N

续表 1−41

导　　　体		文　字　符　号	
		设备端子标志	导体和导体终端标识
直流导体	正极	+ 或 C	L+
	负极	− 或 D	L−
	中间点导体	M	M
保护导体		PE	PE
PEN 导体		PEN	PEN

6) 电气设备常用参照代号的字母代码见表 1−42。当电气设备的图形符号在图样中不能清晰地表达其信息时，应在其图形符号附近标注参照代号。编号宜选用 1、2、3……数字顺序排列。参照代号采用字母代码标注时，参照代号宜由前缀符号、字母代码和数字组成。当采用参照代号标注不会引起混淆时，参照代号的前缀符号可省略。

参照代号可表示项目的数量、安装位置、方案等信息。参照代号的编制规则宜在设计文件里说明。

表 1−42　电气设备常用参照代号的字母代码

项　　目	设备、装置和元件名称	参照代号的字母代码	
		主类代码	含子类代码
两种或两种以上的用途或任务	35kV 开关柜	A	AH
	20kV 开关柜		AJ
	10kV 开关柜		AK
	6kV 开关柜		—
	低压配电柜		AN
	并联电容器箱（柜、屏）		ACC
	直流配电箱（柜、屏）		AD
	保护箱（柜、屏）		AR
	电能计量箱（柜、屏）		AM
	信号箱（柜、屏）		AS
	电源自动切换箱（柜、屏）		AT
	动力配电箱（柜、屏）		AP
	应急动力配电箱（柜、屏）		APE
	控制、操作箱（柜、屏）		AC
	励磁箱（柜、屏）		AE
	照明配电箱（柜、屏）		AL
	应急照明配电箱（柜、屏）		ALE
	电度表箱（柜、屏）		AW
	弱电系统设备箱（柜、屏）		—

续表 1-42

项 目	设备、装置和元件名称	参照代号的字母代码	
		主类代码	含子类代码
把某一输入变量（物理性质、条件或事件）转换为供进一步处理的信号	热过载继电器	B	BB
	保护继电器		BB
	电流互感器		BE
	电压互感器		BE
	测量继电器		BE
	测量电阻（分流）		BE
	测量变送器		BE
	气表、水表		BF
	差压传感器		BF
	流量传感器		BF
	接近开关、位置开关		BG
	接近传感器		BG
	时针、计时器		BK
	湿度计、湿度测量传感器		BM
	压力传感器		BP
	烟雾（感烟）探测器		BR
	感光（火焰）探测器		BR
	光电池		BR
	速度计、转速计		BS
	速度变换器		BS
	温度传感器、温度计		BT
	麦克风		BX
	视频摄像机		BX
	火灾探测器		—
	气体探测器		—
	测量变换器		—
	位置测量传感器		BG
	液位测量传感器*		BL

续表 1-42

项目	设备、装置和元件名称	参照代号的字母代码	
		主类代码	含子类代码
材料、能量或信号的存储	电容器	C	CA
	线圈		CB
	硬盘		CF
	存储器		CF
	磁带记录仪、磁带机		CF
	录像机		CF
提供辐射能或热能	白炽灯、荧光灯	E	EA
	紫外灯		EA
	电炉、电暖炉		EB
	电热、电热丝		EB
	灯、灯泡		—
	激光器		
	发光设备		
	辐射器		
直接防止（自动）能量流、信息流、人身或设备发生危险的或意外的情况，包括用于防护的系统和设备	热过载释放器	F	FD
	熔断器		FA
	安全栅		FC
	电涌保护器		FC
	接闪器		FE
	接闪杆		FE
	保护阳极（阴极）		FR
启动能量流或材料流，产生用作信息载体或参考源的信号。生产一种新能量、材料或产品	发电机	G	GA
	直流发电机		GA
	电动发电机组		GA
	柴油发电机组		GA
	蓄电池、干电池		GB
	燃料电池		GB
	太阳能电池		GC
	信号发生器		GF
	不间断电源		GU

续表 1-42

项 目	设备、装置和元件名称	参照代号的字母代码 主类代码	含子类代码
处理（接收、加工和提供）信号或信息（用于防护的物体除外，见F类）	继电器	K	KF
	时间继电器		KF
	控制器（电、电子）		KF
	输入、输出模块		KF
	接收机		KF
	发射机		KF
	光耦器		KF
	控制器（光、声学）		KG
	阀门控制器		KH
	瞬时接触继电器		KA
	电流继电器		KC
	电压继电器		KV
	信号继电器		KS
	瓦斯保护继电器		KB
	压力继电器		KPR
提供驱动用机械能（旋转或线性机械运动）	电动机	M	MA
	直线电动机		MA
	电磁驱动		MB
	励磁线圈		MB
	执行器		ML
	弹簧储能装置		ML
提供信息	打印机	P	PF
	录音机		PF
	电压表		PV
	告警灯、信号灯		PG
	监视器、显示器		PG
	LED（发光二极管）		PG
	铃、钟		PB
	计量表		PG
	电流表		PA
	电度表		PJ

续表 1-42

项 目	设备、装置和元件名称	参照代号的字母代码	
		主类代码	含子类代码
提供信息	时钟、操作时间表	P	PT
	无功电度表		PJR
	最大需用量表		PM
	有功功率表		PW
	功率因数表		PPF
	无功电流表		PAR
	（脉冲）计数器		PC
	记录仪器		PS
	频率表		PF
	相位表		PPA
	转速表		PT
	同位指示器		PS
	无色信号灯		PG
	白色信号灯		PGW
	红色信号灯		PGR
	绿色信号灯		PGG
	黄色信号灯		PGY
	显示器		PC
	温度计、液位计		PG
受控切换或改变能量流、信号流或材料流（对于控制电路中的信号，见 K 类和 S 类）	断路器	Q	QA
	接触器		QAC
	晶闸管、电动机启动器		QA
	隔离器、隔离开关		QB
	熔断器式隔离器		QB
	熔断器式隔离开关		QB
	接地开关		QC
	旁路断路器		QD
	电源转换开关		QCS
	剩余电流保护断路器		QR
	软启动器		QAS
	综合启动器		QCS

续表 1-42

项目	设备、装置和元件名称	参照代号的字母代码	
		主类代码	含子类代码
受控切换或改变能量流、信号流或材料流（对于控制电路中的信号，见 K 类和 S 类）	星-三角启动器	Q	QSD
	自耦降压启动器		QTS
	转子变阻式启动器		QRS
限制或稳定能量、信息或材料的运动或流动	电阻器、二极管	R	RA
	电抗线圈		RA
	滤波器、均衡器		RF
	电磁锁		RL
	限流器		RN
	电感器		—
把手动操作转变为进一步处理的特定信号	控制开关	S	SF
	按钮开关		SF
	多位开关（选择开关）		SAC
	启动按钮		SF
	停止按钮		SS
	复位按钮		SR
	试验按钮		ST
	电压表切换开关		SV
	电流表切换开关		SA
保持能量性质不变的能量变换，已建立的信号保持信息内容不变的变换，材料形态或形状的变换	变频器、频率转换器	T	TA
	电力变压器		TA
	DC/DC 转换器		TA
	整流器、AC/DC 变换器		TB
	天线、放大器		TF
	调制器、解调器		TF
	隔离变压器		TF
	控制变压器		TC
	整流变压器		TR
	照明变压器		TL
	有载调压变压器		TLC
	自耦变压器		TT

续表 1-42

项 目	设备、装置和元件名称	参照代号的字母代码	
		主类代码	含子类代码
保护物体在一定的位置	支柱绝缘子	U	UB
	强电梯架、托盘和槽盒		UB
	瓷瓶		UB
	弱电梯架、托盘和槽盒		UG
	绝缘子		—
从一地到另一地导引或输送能量、信号、材料或产品	高压母线、母线槽	W	WA
	高压配电线缆		WB
	低压母线、母线槽		WC
	低压配电线缆		WD
	数据总线		WF
	控制电缆、测量电缆		WG
	光缆、光纤		WH
	信号线路		WS
	电力（动力）线路		WP
	照明线路		WL
	应急电力（动力）线路		WPE
	应急照明线路		WLE
	滑触线		WT
连接物	高压端子、接线盒	X	XB
	高压电缆头		XB
	低压端子、端子板		XD
	过路接线盒、接线端子箱		XD
	低压电缆头		XD
	插座、插座箱		XD
	接地端子、屏蔽接地端子		XE
	信号分配器		XG
	信号插头连接器		XG
	（光学）信号连接		XH
	连接器		—
	插头		—

7) 常用辅助文字符号见表1-43。

表1-43 常用辅助文字符号

文 字 符 号	中 文 名 称
A	电流
A	模拟
AC	交流
A、AUT	自动
ACC	加速
ADD	附加
ADJ	可调
AUX	辅助
ASY	异步
B、BRK	制动
BC	广播
BK	黑
BU	蓝
BW	向后
C	控制
CCW	逆时针
CD	操作台（独立）
CO	切换
CW	顺时针
D	延时、延迟
D	差动
D	数字
D	降
DC	直流
DCD	解调
DEC	减
DP	调度
DR	方向
DS	失步
E	接地

续表 1-43

文 字 符 号	中 文 名 称
EC	编码
EM	紧急
EMS	发射
EX	防爆
F	快速
FA	事故
FB	反馈
FM	调频
FW	正、向前
FX	固定
G	气体
GN	绿
H	高
HH	最高（较高）
HH	手孔
HV	高压
IN	输入
INC	增
IND	感应
L	左
L	限制
L	低
LL	最低（较低）
LA	闭锁
M	主
M	中
M、MAN	手动
MAX	最大
MIN	最小
MC	微波
MD	调制

续表 1-43

文字符号	中文名称
MH	人孔（人井）
MN	监听
MO	瞬间（时）
MUX	多路复用的限定符号
NR	正常
OFF	断开
ON	闭合
OUT	输出
O/E	光电转换器
P	压力
P	保护
PL	脉冲
PM	调相
PO	并机
PR	参量
R	记录
R	右
R	反
RD	红
RES	备用
R、RST	复位
RTD	热电阻
RUN	运转
S	信号
ST	启动
S、SET	置位、定位
SAT	饱和
STE	步进
STP	停止
SYN	同步
SY	整步

续表 1-43

文字符号	中文名称
SP	设定点
T	温度
T	时间
T	力矩
TM	发送
U	升
UPS	不间断电源
V	真空
V	速度
V	电压
VR	可变
WH	白
YE	黄

8) 电气设备辅助文字符号见表 1-44 和表 1-45。

表 1-44 强电设备辅助文字符号

文字符号	中文名称
DB	配电屏（箱）
UPS	不间断电源装置（箱）
EPS	应急电源装置（箱）
MEB	总等电位端子箱
LEB	局部等电位端子箱
SB	信号箱
TB	电源切换箱
PB	动力配电箱
EPB	应急动力配电箱
CB	控制箱、操作箱
LB	照明配电箱
ELB	应急照明配电箱
WB	电度表箱
IB	仪表箱

续表1-44

文字符号	中文名称
MS	电动机启动器
SDS	星-三角启动器
SAT	自耦降压启动器
ST	软启动器
HDR	烘手器

表1-45 弱电设备辅助文字符号

文字符号	中文名称
DDC	直接数字控制器
BAS	建筑设备监控系统设备箱
BC	广播系统设备箱
CF	会议系统设备箱
SC	安防系统设备箱
NT	网络系统设备箱
TP	电话系统设备箱
TV	电视系统设备箱
HD	家居配线箱
HC	家居控制器
HE	家居配电箱
DEC	解码器
VS	视频服务器
KY	操作键盘
STB	机顶盒
VAD	音量调节器
DC	门禁控制器
VD	视频分配器
VS	视频顺序切换器
VA	视频补偿器
TG	时间信号发生器
CPU	计算机
DVR	数字硬盘录像机
DEM	解调器
MO	调制器
MOD	调制解调器

9) 信号灯和按钮的颜色标识见表1-46和表1-47。

表1-46 信号灯的颜色标识

名称/状态	颜色标识	说　　明
危险指示	红色（RD）	—
事故跳闸		
重要的服务系统停机		
起重机停止位置超行程		
辅助系统的压力/温度超出安全极限		
警告指示	黄色（YE）	
高温报警		
过负荷		
异常指示		
安全指示	绿色（GN）	
正常指示		核准继续运行
正常分闸（停机）指示		设备在安全状态
弹簧储能完毕指示		
电动机降压启动过程指示	蓝色（BU）	
开关的合（分）或运行指示	白色（WH）	单灯指示开关运行状态；双灯指示开关合时运行状态

表1-47 按钮的颜色标识

名　　称	颜　色　标　识
紧停按钮	红色（RD）
正常停和紧停合用按钮	
危险状态或紧急指令	
合闸（开机）（启动）按钮	绿色（GN）、白色（WH）
分闸（停机）按钮	红色（RD）、黑色（BK）
电动机降压启动结束按钮	白色（WH）
复位按钮	
弹簧储能按钮	蓝色（BU）
异常、故障状态	黄色（YE）
安全状态	绿色（GN）

10) 导体的颜色标识见表1-48。

表 1-48 导体的颜色标识

导 体 名 称	颜 色 标 识
交流导体的第 1 线	黄色（YE）
交流导体的第 2 线	绿色（GN）
交流导体的第 3 线	红色（RD）
中性导体 N	淡蓝色（BU）
保护导体 PE	绿/黄双色（GNYE）
PEN 导体	全长绿/双黄色（GNYE），终端另用淡蓝色（BU）标志或全长淡蓝色（BU），终端另用绿/黄双色（GNYE）标志
直流导体的正极	棕色（BN）
直流导体的负极	蓝色（BU）
直流导体的中间点导体	淡蓝色（BU）

2 电气工程施工图识读内容与方法

2.1 建筑变配电工程图

2.1.1 建筑电气工程图的特点

建筑电气工程图是建筑电气工程造价和安装施工的主要依据之一,其特点可概括为以下几点:

1)建筑电气工程图大多是采用统一的图形符号并加注文字符号绘制出来的,属于简图之列。

2)任何电路都必须构成闭合回路。电路的组成包括四个基本要素,即电源、用电设备、导线和开关控制设备。电气设备、元件彼此之间都是通过导线连接起开关来构成一个整体,导线可长可短,有时电气设备安装位置在 A 处,控制设备的信号装置、操作开关则可能在较远的 B 处,而两者又不在同一张图样上。了解这一特点.就可将各有关的图样联系起来,很快读懂图。

一般而言,应通过系统图、电路图找联系;通过平面布置图、接线图找位置;交错阅读,这样读图的效率可以得到提高。

3)建筑电气工程施工是与主体工程(土建工程)及其他安装工程(给水排水管道、供热管道、采暖通风的空调管道、通信线路、消防系统及机械设备等安装工程)施工相互配合进行的,所以建筑电气工程图与建筑结构图及其他安装工程图不能发生冲突。

4)建筑电气工程图对于设备的安装方法、质量要求以及使用、维修方面的技术要求等往往不能完全反映出来,此时会在设计说明中写明"参照××规范或图集",因此在阅读图样时,有关安装方法、技术要求等问题,要注意参照有关标准图集和有关规范执行,以满足进行工程造价和安装施工的要求。

5)建筑电气工程的平面布置图是用投影和图形符号来代表电气设备或装置绘制的,阅读图样时,比其他工程的透视图难度大。投影在平面的图无法反映空间高度,只能通过文字标注或说明来解释。因此,读图时首先要建立空间立体概念。图形符号也无法反映设备的尺寸,只能通过阅读设备手册或设备说明书获得。图形符号所绘制的位置也不一定按比例给定,它仅代表设备出线端口的位置,在安装设备时,要根据实际情况来准确定位。

2.1.2 建筑电气工程图的识读方法

阅读建筑电气工程图必须熟悉电气图基本知识(表达形式、通用画法、图形符号、文字符号)和建筑电气工程图的特点,同时掌握一定的阅读方法,才能比较迅速全面地读懂图样。

读图的方法没有统一规定,通常可按下列方法去做,即:了解情况先浏览,重点内容反复看，安装方法找大样，技术要求查规范。具体的可按以下顺序读图：

1. 读标题栏及图纸目录

了解工程名称、项目内容、设计日期及图样数量和内容等。

2. 读总说明

了解工程总体概况及设计依据，了解图样中未能表达清楚的各有关事项，如供电电源的来源、电压等级、线路敷设方法、设备安装高度及安装方式、补充使用的非国标图形符号、施工时应注意的事项等。有些分项的局部问题是在分项工程图样上说明的，看分项工程图样时，也要先看设计说明。

3. 读系统图

各分项工程的图样中都包含有系统图，如变配电工程的供电系统图、电力工程的电力系统图、照明工程的照明系统图以及电视系统图、电话系统图等。读系统图的目的是了解系统的基本组成，主要电气设备、元件等连接关系及它们的规格、型号、参数等，掌握该系统的组成概况。读系统图时，一般可按电能量或信号的输送方向，从始端看到末端，对于变配电系统图就按进线→高压配电→变压器→低压配电→低压出线→各低压用电点的顺序读图。

4. 读平面布置图

平面布置图是建筑电气工程图样中的重要图样之一，如变配电所的电气设备安装平面图（还应有剖面图）、电力平面图、照明平面图、防雷和接地平面图等，都是用来表示设备安装位置、线路敷设部位、敷设方法及所用导线型号、规格、数量、电线管的管径大小等。在读系统图、了解系统组成概况之后，就可依据平面图编制工程预算和施工方案，具体组织施工了，所以对平面图必须熟读。阅读照明平面图时，一般可按此顺序：进线→总配电箱→干线→支干线→分配电箱→支线→用电设备。

5. 读电路图（原理图）

了解各系统中用电设备的电气自动控制原理，用来指导设备的安装和控制系统的调试工作。因电路图多是采用功能布局法绘制的，读图时应依据功能关系从上至下或从左至右逐个回路识读。熟悉电路中各电器的性能和特点，对读懂图样将有极大的帮助。

6. 读安装接线图

了解设备或电器的布置与接线，与电路图对应识读，进行控制系统的配线和调校工作。

7. 读安装大样图

安装大样图是用来详细表示设备安装方法的图样，是依据施工平面图进行安装施工和编制工程材料计划时的重要参考图样。特别是对于初学安装的人更显重要，甚至可以说是不可缺少的。

8. 读设备材料表

设备材料表给我们提供了该工程所使用的设备、材料的型号、规格和数量，是我们编制购置设备、材料计划的重要依据之一。

识读图样的顺序没有统一的规定，可以根据需要，自己灵活掌握，并应有所侧重。为更好地利用图样指导施工，使安装施工质量符合要求，还应查阅有关施工及验收规范、质量检验评定标准，以详细了解安装技术要求，保证施工质量。

2.2 动力工程图

2.2.1 动力工程图的内容

电气动力工程图包括基本图和详图两大部分，主要有以下内容：

1. 设计说明

包括供电方式、电压等级、主要线路敷设方式、防雷、接地及图中未能表达的各种电气动力安装高度、工程主要技术数据、施工和验收要求以及有关事项等。

2. 主要材料设备表

包括工程所需的各种设备、管材、导线等名称、型号、规格、数量等。

3. 配电系统图

包括整个配电系统的连结方式，从主干线至各分支回路的回路数；主要配电设备的名称、型号、规格及数量；主干线路及主要分支线路的敷设方式、型号、规格。

4. 电气动力平面图

内容包括建筑物的平面布置、轴线分布、尺寸以及图纸比例；各种配电设备的编号、名称、型号以及在平面图上的位置；各种配电线路的起点、敷设方式、型号、规格、根数，以及在建筑物中的走向、平面和垂直位置；动力设备接地的安装方式以及在平面图上的位置；控制原理图。

5. 详图

1）动力工程详图是指柜、盘的布置图和某些电气部件的安装大样图，对安装部件的各部位注有详细尺寸，一般是在没有标准图可选用并有特殊要求的情况下才绘制的图。

2）标准图。是通用性详图，表示一组设备或部件的具体图形和详细尺寸，便于制作安装。

2.2.2 动力工程图的识读方法

只有读懂电气动力工程图，才能对整个电气动力工程有全面的了解，以利于在预埋、施工安装中能全面计划、有条不紊地进行施工，以确保工程圆满地完成。

为了读懂电气动力工程图，读图时应抓住以下要领：

1）熟悉图例符号，搞清图例符号所代表的内容，图例中常采用的某些非标准图形符号。这些内容对正确识读平面图是十分重要的。

2）尽可能结合该电气动力工程的所有施工图和资料（包括施工工艺）一起识读，尤其要读懂配电系统图和电气平面图。只有这样才能了解设计意图和工程全貌。识读时，首先要识读设计说明，以了解设计意图和施工要求等；然后识读配电系统图，以初步了解工程全貌；再识读电气平面图，以了解电气工程的全貌和局部细节；最后识读电气工程详图、加工图及主要材料设备表等。

3）为避免建筑电气设备及电气线路与其他建筑设备及管路在安装时发生位置冲突，在识读动力配电平面图时要对照该建筑的其他专业的设备安装施工图样，综合识读。同时要了解相关设计规范要求。

总之在读图时,一般按进线→变、配电所→开关柜、配电屏→各配电线路→车间或住宅配电箱(盘)→室内干线→支线及各路用电设备这个顺序来识读。

2.3 建筑电气照明工程图

2.3.1 电气照明工程图的内容

电气照明工程图包括图样目录、设计说明、系统图、平面图、安装详图、大样图(多采用图集)、主要设备材料表及标注。

2.3.2 电气照明工程图的识读方法

阅读建筑电气照明工程图必须熟悉电气图基本知识(表达形式、通用画法、图形符号、文字符号)和建筑电气工程图的特点,同时掌握一定的阅读方法,才能比较迅速全面地读懂图样。

阅读工程图的方法没有统一规定,通常可按下列方法去做,即,了解情况先浏览,重点内容反复看,安装方法找大样,技术要求查规范。具体的可按以下顺序读图:

1. 看标题栏及图纸目录

了解工程名称、项目内容、设计日期及图样数量和内容等。

2. 看总说明

1)了解电源提供形式、电源电压等级、进户线敷设方法、保护措施等。
2)了解通用照明设备安装高度、安装方式及线路敷设方法。
3)了解施工时的注意事项、施工验收执行的规范。
4)了解工程图中无法表达清楚的内容。

3. 看系统图

1)了解供电电源种类及进户线标注,应表明本照明工程是由单相供电还是由三相供电,并应有电源的电压、频率及进户线的标注。
2)了解总配电箱、分配电箱的编号、型号、控制计量保护设备的型号及规格。
3)了解干线、支线的导线型号、截面、穿管管径、管材、敷设部位及敷设方式。

4. 看平面图

1)了解进户线的位置、总配电箱及分配电箱的平面位置。
2)了解进户线、干线、支线的走向、导线的根数,支线回路的划分。
3)了解用电设备的平面位置及灯具的标注。

2.4 建筑物防雷接地工程图的内容

在施工图设计阶段,建筑物防雷接地工程图应包括以下内容:

1)小型建筑物应绘制屋顶防雷平面图,形状复杂的大型建筑物除绘制屋顶防雷平面图外,还应绘制立面图。平面图中应有主要轴线号、尺寸、标高,标注接闪针、接闪带、引下线位置,注明材料型号、规格,所涉及的标准图编号、页次,图样应标注比例。

2）绘制接地平面图（可与屋顶防雷平面图重合），绘制接地线、接地极、测试点、断接卡等的平面位置，标明材料型号、规格、相对尺寸及涉及的标准图编号、页次，图样应标注比例。

3）当利用建筑物（或构筑物）钢筋混凝土内的钢筋作为防雷接闪器、引下线、接地装置时，应标注连接点、接地电阻测试点、预埋件位置及敷设方式，注明所涉及的标准图编号、页次。

4）随图说明可包括：防雷类别和采取的防雷措施（包括防侧击雷、防雷击电磁脉冲、防高电位引入），接地装置形式，接地材料要求、敷设要求，接地电阻值要求；当利用桩基、基础内钢筋作接地极时，应采取的措施。

5）除防雷接地外的其他电气系统的工作或安全接地的要求（如电源接地形式、直流接地、局部等电位、总等电位接地等），如果采用共用接地装置，应在接地平面图中叙述清楚，交待不清楚的应绘制相应图样（如局部等电位平面图等）。

3 电气工程识图实例

3.1 电气平面图、系统图识读基础实例

实例1：电气系统图识读

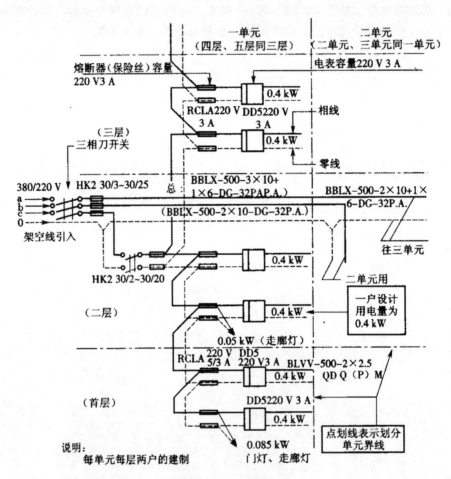

图3-1 电气系统图

图3-1为电气系统图，从图中可以了解以下内容：

1) 此图表明五层、三个单元住宅，每单元是两户建制的电气系统图。

2) 进户线为三相四线，电压为380V/220V（线压380V，相压220V），通过全楼的总电闸，通过三个熔断器，分为三路：一路进入一单元和零线结合成220V的一路线，一路进入二单元，一路进入三单元。

3)每一路相线和零线又分别通过每单元的分电闸,在竖向分成五层供电。每层线路又分为两户,每户通过熔断器及电表进入室内。

4)首层中 BLVV-500-2×2.5QD,Q(P)M,意义是:聚氯乙烯绝缘电线 500V 以内 2 根 2.5mm² 线路用卡钉敷设,沿墙、顶明敷。

实例 2:电气施工平面图识读

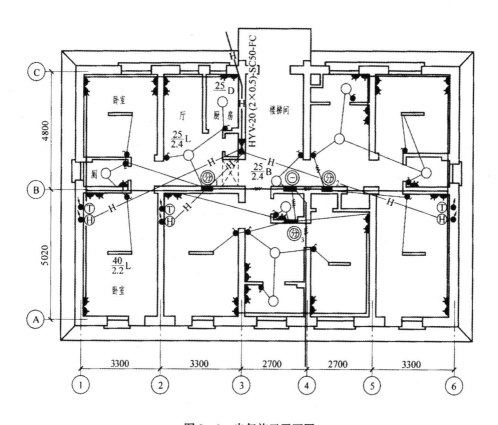

图 3-2 电气施工平面图

图 3-2 为电气施工平面图,从图中可以了解以下内容:

1)本图是首层电气施工平面图,二至四层平面图与首层平面图的区别在于没有电源引入线和总配电箱及电话组线箱。

2)电源电缆从平面图④轴线左侧引入到建筑物总配电箱。一方面由总配电箱引出三路至首层各分配电箱,三个分配电箱分别安装在首层三户住宅的墙壁上。另一方面由总箱经立管引上至二至四层各层分配电箱。另外还有一路楼道照明灯具和定时开关。

3)以分配电盘③为例,引出一条导线至门厅灯具和开关,再接线引向厨房灯具与开关。另一条引向卫生间的灯具与开关,并继续分支到两个卧室的灯具及开关。再一分支沿Ⓑ轴墙体引线分别通向两个卧室、卫生间、门厅及厨房的暗装插座。

4）沿平面图Ⓒ轴墙体引入、沿③轴墙体暗敷设有 HYV-20（2×0.5）-FPC50-FC 市话电缆线到①轴、②轴墙体右侧和⑥轴墙体左侧电话机插座安装位置。从Ⓗ电话机插座旁边墙体上还可看到向上层的引线符号，即电话线及立管由此引向二至四层，并在各层的同一平面位置安装电话插座。

5）从平面图①轴、②轴墙体右侧和⑥轴墙体左侧Ⓗ插座旁边可以看到符号Ⓣ，表示共用电视天线插座安装位置，并附有电视天线自屋顶向下引线符号，插座安装高度参照施工规范要求。

实例3：电气外线总平面图识读

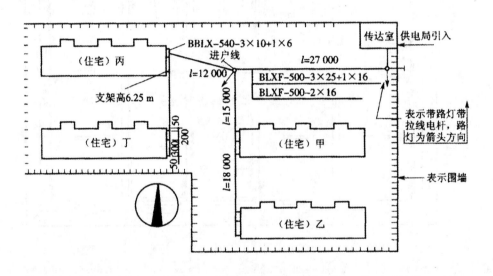

图 3-3　电气外线总平面图

图 3-3 为电气外线总平面图，从图中可以了解以下内容：

1）该图是一个新建住宅区的外线线路图。图上有四栋住宅，一栋小传达室，四周有围墙。

2）当地供电局供给的电源由东面进入传达室，在传达室内有总电闸控制，再把电输送到各栋住宅。院内有两根电杆，分两路线送到甲、乙、丙、丁四栋房屋。房屋的墙上有架线支架通过墙穿管送入楼内。

3）图上标出了电线长度，如 $l=27000$ mm、15000mm 等，在房屋山墙还标出支架高度 6.25m，其中 BLXF-500-3×25+1×16 的意思是氯丁橡皮绝缘架空线，承受电压在 500V 以内，3 根截面为 25mm^2 电线加 1 根截面为 16mm^2 的电线，另外还有两根 16mm^2 的辅线，BBLX 是代表棉纱编织橡皮绝缘电线的进户线，其后数字的意思与上述相同。

实例4：首层电气平面图识读

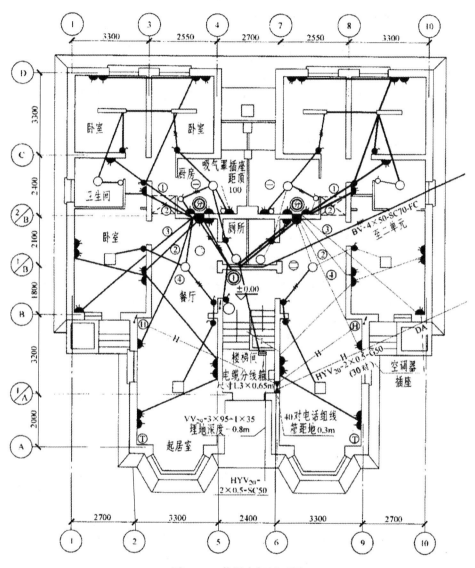

图3-4 首层电气平面图

图3-4为首层电气平面图，从图中可以了解以下内容：

1）如图所示，电源进线自地面0.8m深从⑥轴线左侧引入到楼梯间电缆分线箱，再由分线箱引到总配电箱①，然后分成四条支路，第一路向右通向二单元，第二路通向楼梯照明灯具和开关，第三路为两条导线通向右边分配电箱㊁，第四路也是两条导线，引至左边分配电箱㊁。以图中左侧为例，自分配电箱㊁引导线通向厨房、卧室和卫生间照明用电，该线路用⊖表示。自分配电箱㊁引导线通向餐厅、卧室、起居室照明用电，该线路用⊖表示。图中编号为①②③④支线路为分别通向左边各房间的插座。

2) 图中⑥轴线墙体上有 20 对电话线（$HYV_{20}-2\times0.5-SC50$）自 40 对电话组线箱引来。从组线箱输出三路电话线支管，一路通向二单元的 30 对电话组线箱，敷设方式为 $HYV_{20}-2\times0.5-SC50$。另外两路分别通向本单元②、⑨轴线与Ⓑ轴线交叉处的电话机安装位置Ⓗ，而且在Ⓗ处画有带箭头的管线引上符号，表示电话线路沿此平面位置向二层、三层延伸敷设。穿线时应注意到，每户电话线是独立自交换机房引来的，只是在不同的路由上共同穿在某一根管子中而已。

3) 图中②、⑨轴与Ⓐ轴相交处画有Ⓣ符号，表示电视系统用户盒的安装位置。旁边带箭头引向符号表示首层电视用户终端盒是自上引来的。

实例5：一层电气系统平面图识读

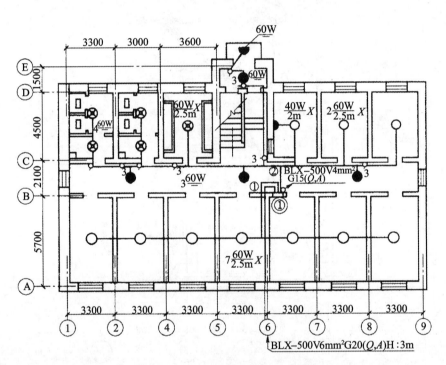

图 3-5 一层电气系统平面图

注： 1 进户线由电网架空引入单相二线 220V。
2 进户线、箱间干线、至门灯线为 BLX-500V 穿钢管暗敷设，其他为 BLV 铝卡钉明设。
3 凡未标截面、根数、管径者，均为 $2.5mm^2$、2 根、150mm。

图 3-5 为一层电气系统平面图，从图中可以了解以下内容：

1) 进户线是距地面高度为 3m 的两根铝芯橡皮绝缘线，在墙内穿管暗敷设，管径为 20mm。

2) 在⑥轴线走廊右侧设有①号配电箱，暗装在墙内。配电箱尺寸及位置尺寸均已标出。

3) 从配电箱中分别引出①、②两条支路,每条支路各连接房屋一侧的灯具和插座,在②支路上还连有三盏球形走廊灯。从①号配电箱中还引上两根 4mm² 的铝芯橡皮绝缘线,用 15mm 直径的管道暗敷在墙内引至二楼的配电箱内。

实例6:二层电气平面图识读

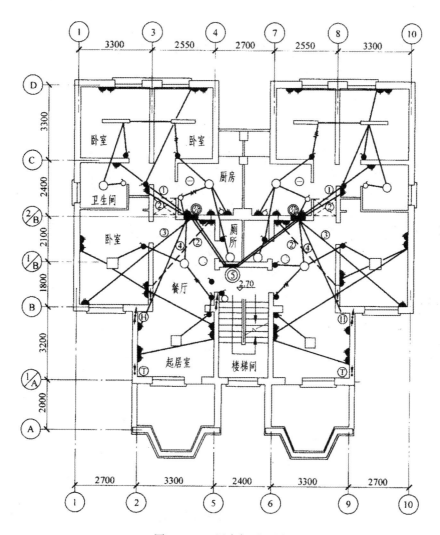

图 3-6 二层电气平面图

图 3-6 为二层电气平面图,从图中可以了解以下内容:

1) 二层电气平面图的识图方法与首层基本相同,它与首层的主要区别在于:起居室的面积比首层小,没有首层电源、电话的引入线路,层高为 2.7m,首层总配电箱①的位置被配电箱⑤替代,楼梯照明灯具与控制开关处没有与配电箱⑤连接,但灯具左边墙内有导线自下引上符号,②、⑨轴线旁边的电视天线插座处有同轴电缆的自上引来再引下双箭头符号,电话机旁的引向符号也是双箭头,表示自下引来再引上。

2) 另外，自配电箱⑤向左右两侧㊀配电箱引有两根导线，自配电箱㊀引线到㊀、㊁是照明供电，自㊀向①②③④②引线是暗装插座线路。

实例7：三层电气平面图识读

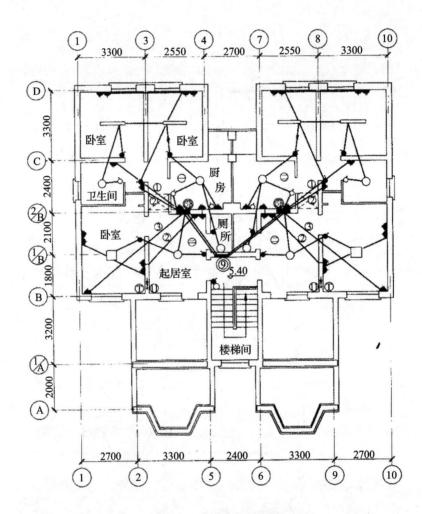

图 3-7 三层电气平面图

图 3-7 为三层电气平面图，从图中可以了解以下内容：

1) 本图与二层相比，房间面积更小，餐厅位置被起居室替代，层高为5.4m。配电箱⑤位置被⑨替代，电话机与电视机位置做了调整，电视机插座旁边的引向符号表示电视视频信号是由建筑物楼顶上的天线引来的，并且此视频信号线路继续沿视频电缆向二层和首层敷设。

2) 自⑨箱向左右两侧引双路导线至㊀箱。自㊀箱向㊀、㊁引照明线路，自㊀向①②③②引线分别引至三层各个房间安装插座位置。

3.2 建筑变配电、动力及照明工程图识读实例

实例8：配电平面图识读

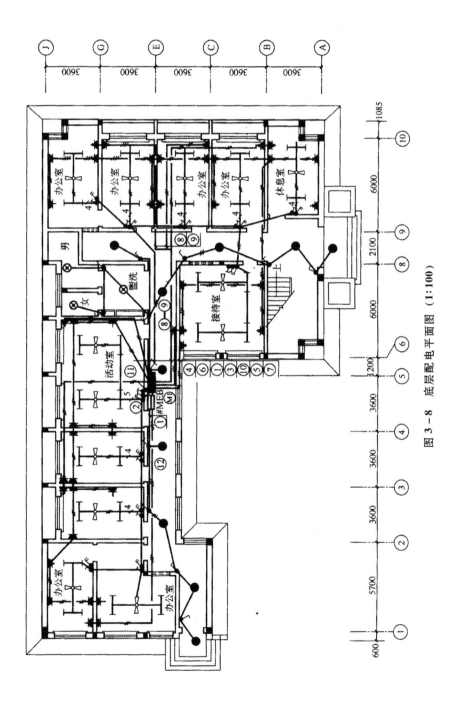

图3-8 底层配电平面图（1:100）

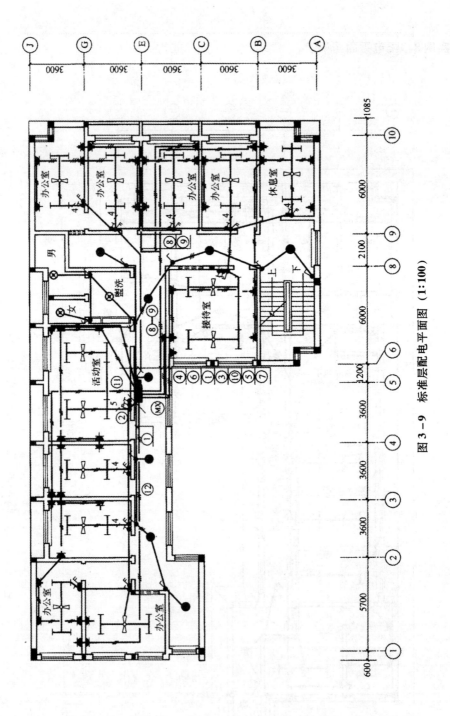

图 3-9 标准层配电平面图（1:100）

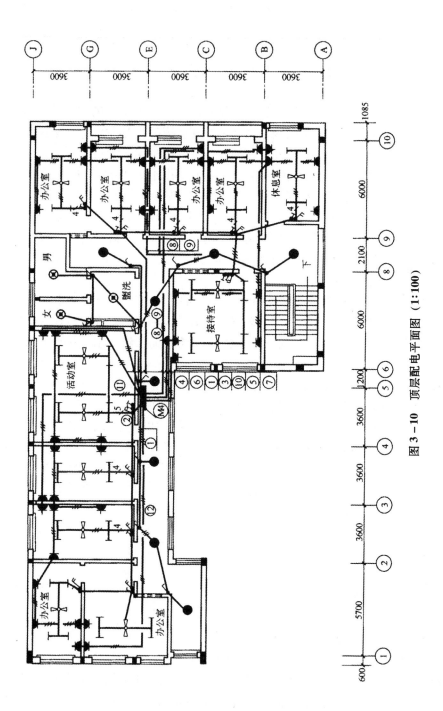

图 3-10 顶层配电平面图 (1:100)

图 3-8～图 3-10 分别为底层、标准层、顶层配电平面图，从图中可以了解以下内容：

1) 底层平面图中每个房间内都布置有单管荧光灯、吊扇、单相五孔插座、空调插座。荧光灯采用吊链安装，安装高度为 3.0m，灯管功率为 40W；吊扇采用吊链安装，安装高度为 3.1m，用吊扇开关控制；吊扇开关采用暗装，安装高度为 1.4m；单相五孔插座，暗装，安装高度为 0.5m；空调用插座采用单相三孔空调插座，暗装，安装高度为 1.8m。

2) ④、⑦轴线间的房间内有四盏单管荧光灯，用西边门侧的暗装双极开关控制；吊扇两台，用西边门侧的两个暗装吊扇开关控制；接在②支路上。暗装单相五孔插座四个，接在④支路上；暗装单相三孔空调插座一个，接在⑥支路上。

3) 楼梯间对面的房间内有两盏单管荧光灯，用门旁的暗装双极开关控制，吊扇一台，用门旁的暗装吊扇开关控制，接在③支路上；暗装单相五孔插座三个，接在⑤支路上；暗装单相三孔空调插座一个，接在⑩支路上。走廊内布置有八盏天棚灯，吸顶暗装，每盏灯由一个暗装单极开关控制，两个出入口处各有一盏天棚灯，所有这些都接在①支路上。盥洗间内较潮湿，装有四盏防水防尘灯，用 60W 白炽灯泡吸顶安装，各自用开关控制，接在①支路上。

4) ①支路向一层走廊、盥洗室和出入口处的照明灯供电；②支路向⑦轴线西部的室内照明灯和电扇供电；③支路向⑦轴线东部ⓔ轴线南部的室内照明灯和电扇供电；④支路向⑦轴线西部的室内单相五孔插座供电；⑤支路向⑦轴线东部和ⓔ轴线南部单相五孔插座供电。

5) 由于空调的电流比较大，一般情况下一个支路上只有一个插座，有时也可有两个插座。如⑥支路向④、⑦轴线间的单相三孔空调插座供电，图中此处线路比较多，把⑥支路画在了墙体中，但其仍是沿墙暗敷；⑦支路向楼梯间北的三孔空调插座供电；⑧支路向东部ⓔ、ⓙ轴线间的两个办公室内三孔空调插座供电；⑨支路向ⓔ、ⓒ轴线间的三孔空调插座供电；⑩支路向东部Ⓐ、ⓒ轴线间的两个房间内三孔空调插座供电；⑪支路向②、④轴线间的两个办公室内三孔空调插座供电；⑫支路向西部Ⓓ、ⓙ轴线间的两个办公室内三孔空调插座供电。

6) 各支路的连接，即①、④、⑦、⑩接 A 相，②、⑤、⑧、⑪接 B 相，③、⑥、⑨、⑫接 C 相。

实例 9：配电系统图识读

图 3-11 为配电系统图，从图中可以了解以下内容：

1) 进户线采用 BV - (4×50+1×16) - SC70 - FC 配线方式引线到总配电箱○，再分配到一、二、三、四层及公共照明支路。以首层支路为例，又分配到三户的三个分表箱分₁、分₂、分₃。分表箱包括照明用电量 200W、插座容量 900W。另外公共照明 100W。全楼总用电量为 13.3kW。

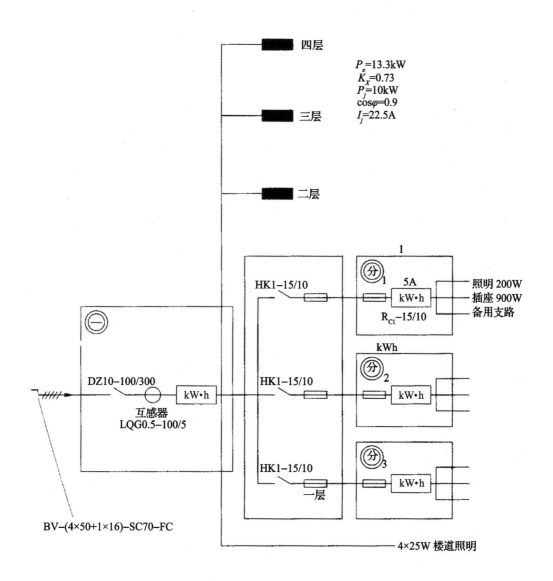

图 3-11 配电系统图

2)图中 P_e 是设备容量,在此表示全楼满负荷用电量。P_j 表示计算容量,与此相对应的是计算电流 I_j,它是考虑到实际用电量一般不超过满负荷而采用的实际用电负荷($P_j = K_x P_e$)。其中 K_x 是按统计规律确定的实际负荷与满负荷之比(且 $0 < K_x < 1$),称为需要系数。一般情况下,不同的建筑物照明、不同性质的光源或不同的被照对象,其需要系数也会不同。通常用计算容量和计算电流作为选择电气控制设备和电气线路设计的重要依据。$\cos\varphi$ 为功率因数,表示有功功率与视在功率之比。

实例10：低压配电系统图识读

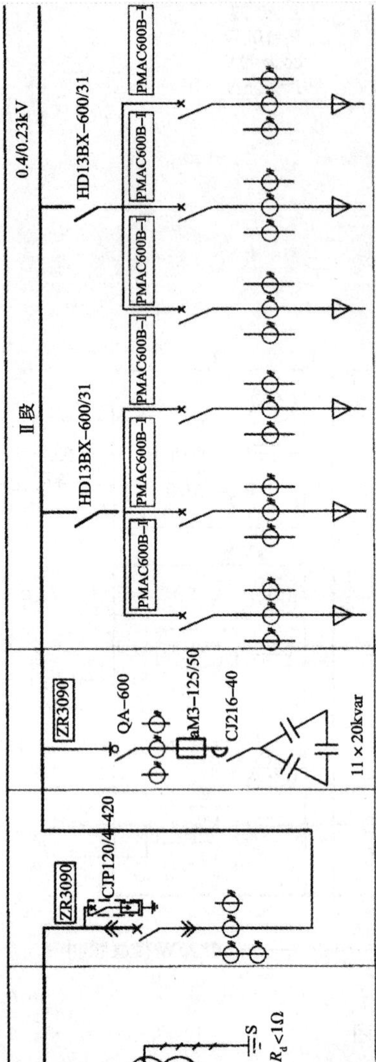

单线图额定电压~380V/~V220						II段 0.4/0.23kV				
低压开关柜编号	—	2D1	2D2		2D3					
低压开关柜型号	—	GGD20-09	GGJ1-02		GGD2-39 (G)					
用途	—	进线	补偿	女生宿舍一、二层照明	女生宿舍三~五层照明	男生宿舍一、二层照明	男生宿舍三、四层照明	男生宿舍五层照明	热水机房动力	备用
回路编号	TD1:SG10-800	—	—	2D3-1	2D3-2	2D3-3	2D3-4	2D3-5		—
设备容量	10/0.4kV	743.85	220kvar/333A	62	90	78.5	75	39.35		—
计算电流	D,Yu11 UK%=6	819	—	106	154	134	128	67		—
断路器型号	—	BAW-2000-3 2000-M-F	—	BO-250H/3300	BO-250H/3300	BO-250H/3300	BO-250H/3300	BO-100H/3300	BO-100H/3300	—
断路器整定电流	—	$I_n=1250A$	—	$I_n=160A$	$I_n=200A$	$I_n=160A$	$I_n=160A$	$I_n=100A$	$I_n=100A$	—
断路器瞬时脱扣电流	—	短延时: 6000A/0.4s	—	$I_s=1600A$	$I_s=2000A$	$I_s=1600A$	$I_s=1600A$	$I_s=100A$	$I_s=1000A$	—
电流互感器	—	1500/5	500/5	200/5	200/5	200/5	200/5	100/5	100/5	—
号线型号及规格	—	母线槽: 1250A	—	YJV- 4×70+1×35	YJV- 4×70+1×95+1×50	YJV- 4×70+1×35	YJV- 4×70+1×35	YJV- 4×35+1×16	YJV-	—
低压开关柜外形尺寸 $H×W×D$		2200mm×1000mm×600mm	2200mm×1000mm×600mm		2200mm×800mm×600mm					
备注										

图3-12 低压配电系统图

图 3-12 为低压配电系统图，从图中可以了解以下内容：

1）该图表示一台 SG10 型 10kV 变 0.4kV 的干式变压器，容量为 800kVA，三台低压配电柜。

2）其中一台低压进线柜，内设低压主进线断路器和电涌保护装置以及数字仪表等；一台功率因数补偿柜；一台出线柜，分为五路出线，一路备用。

实例 11：10kV 线路定时限过电流保护整体式原理图识读

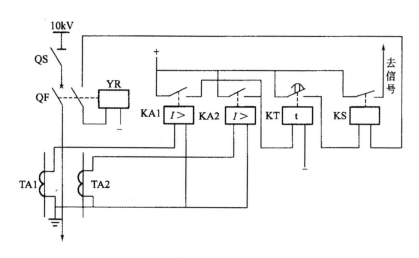

图 3-13 10kV 线路定时限过电流保护整体式原理图

图 3-13 为 10kV 线路定时限过电流保护整体式原理图，从图中可以了解以下内容：

1）QF 为高压断路器主触点，YR 为断路器操动机构中的跳闸线，TA1、TA2 为电流互感器。

2）当 TA1、TA2 中的电流过大，使过流继电器 KA1、KA2 吸合。

3）KA1 或 KA2 的动合触头接通了时间继电器 KT 线圈的电路，经过延时之后 KT 的延时闭合的动合触头通过信号继电器 KS 的线圈接通了 QF 断路器的脱扣器线圈 YR 的电路，使 QF 脱扣断开电路，同时信号继电器 KS 通过其动合触头闭合送出信号。

实例 12：10kV 线路定时限过电流保护展开式原理图识读

图 3-14 为 10kV 线路定时限过电流保护展开式原理图，从图中可以了解以下内容：

1）同一电气设备元器件的不同位置，线圈、触点均采用同一文字符号标明。

2）每一接线回路的右侧都有文字说明，简单说明各个电气设备元器件的作用。

3）电流互感器 TA1、TA2 的一次绕组画在高压一次侧，二次绕组画在二次侧。

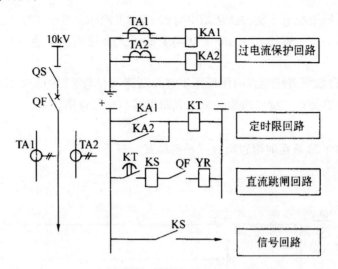

图 3-14 10kV 线路定时限过电流保护展开式原理图

实例13：35kV 线路定时限过电流保护和电流速断保护整体式原理图识读

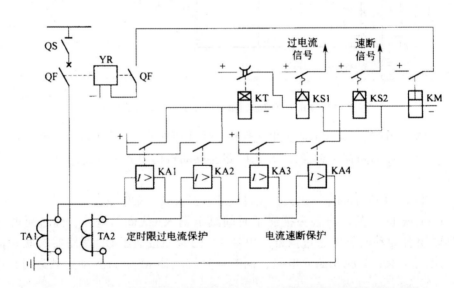

图 3-15 35kV 线路定时限过电流保护和电流速断保护电路整体式原理图

图 3-15 为 35kV 线路定时限过电流保护和电流速断保护电路整体式原理图，从图中可以了解以下内容：

1）电流互感器为不完全星形接线。

2）其保护包括两部分：电流速断保护和定时限过电流保护。

3）电流速断保护由过电流继电器 KA3、KA4、信号继电器 KS2、中间继电器 KM、断路器辅助常开触点 QF、跳闸线圈 YR 组成。

4）当二次电流超过电流继电器 KA3 或 KA4 的动作电流值时，电流继电器动作，其常开触点闭合，接通信号继电器 KS2、中间继电器 KM 的回路，信号继电器 KS2 动作，其常开触点闭合,接通速断信号回路,同时中间继电器 KM 也动作,其常开触点闭合,接通跳闸线圈 YR 回路(断路器合闸后,其辅助触点 QF 处于闭合状态),使断路器自动跳闸,断开线路。

5)定时限过电流保护电路由 KA1、KA2、时间继电器 KT、信号继电器 KS1、中间继电器 KM、断路器常开辅助触点 QF、跳闸线圈 YR 组成。

6)当线路电流增加时,使得电流互感器二次电流达到或超过电流继电器 KA1 或 KA2 的动作电流值时,电流继电器动作,其常开触点闭合;接通时间继电器 KT 回路,时间继电器动作,其延时闭合常开触点经一段延时(整定时限)后闭合,接通过电流信号继电器 KS1、中间继电器 KM 回路,使得信号继电器 KS1 和中间继电器 KM 动作;其常开触点分别接通过电流信号回路和跳闸线圈回路,使断路器自动跳闸,断开主电路,并同时发出信号。

实例 14:35kV 线路定时限过电流保护和电流速断保护展开式原理图识读

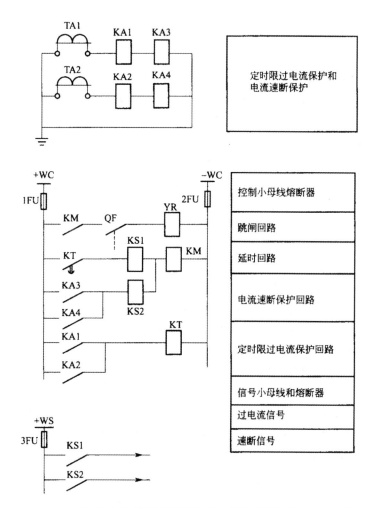

图 3-16 35kV 线路定时限过电流保护和电流速断保护展开式原理图

图 3-16 为 35kV 线路定时限过电流保护和电流速断保护展开式原理图，从图中可以了解以下内容：

1）交流电流回路由电流互感器 TA1 和 TA2 的二次绕组供电，TA1 和 TA2 接成不完全星形，其二次绕组分别接入相应的电流继电器 KA1、KA3、KA2、KA4 的线圈。

2）直流回路中画在两侧的竖线表示正、负电源，正、负电源由变电所直流屏上引出，构成操作电源的正电源子母线（+WC）和负电源子母线（-WC），经熔断器 1FU、2FU 引下。

3）所有的回路分别列于正、负电源之间，其动作顺序由左至右，从上到下。

4）如第 4 行是电流速断保护回路，表示电流继电器 KA3 和 KA4 动作后，其常开触点闭合，正电源经过 KA3 或 KA4 闭合后的常开触点，使信号继电器 KS2 的线圈和中间继电器 KM 的线圈通电，KS2 和 KM 的常开触点闭合。

5）KM 的常开触点在第二行跳闸回路中。当断路器在合闸状态时，其与主轴联动的常开辅助触点 QF 是闭合的，因此只要 KM 的常开触点闭合，则跳闸线圈 YR 中就有电流通过，使断路器跳闸。

6）KM 常开触点闭合的同时，KS2 的常开触点闭合接通速断信号回路，使之发出掉闸信号。

实例 15：35kV 主进线断路器控制及保护二次回路原理图识读

图 3-17 为 35kV 主进线断路器控制及保护二次回路原理图，从图中可以了解以下内容：

1）断路器 QF 与母线的连接采用了高压插头与插座，省略了隔离开关，这说明 QF 是装设在柜内，且为手车柜或固定式开关柜。

2）电压测量回路的电源是由电压小母线 WVa、WVb、WVc 得到的，并用两元件的有功电能表 PJ 和两元件的无功电能表 PJR 的电压线圈并接于小母线上，作为电能表的电压信号。

3）在电压小母线上分别并接三只电压继电器 1K3～3K3，作为失压保护的测量元件，其中 3K3 的常闭点串接于失压保护回路里。

4）电流测量回路的电源是由电流互感器 1TA 得到的，除了串接两元件电能表的电流线圈外，还串接两只电流表 P1、P2。

5）保护回路由电流互感器 2TA 和电流继电器 1K2～2K2、时间继电器 2K7、中间继电器 K6 构成。

6）断路器的控制回路由控制开关 SA1、按钮 SB 和 SBS、直流接触器 KM、时间继电器 1K7、中间继电器 K4 和 K5、断路器跳闸线圈 YT 和合闸线圈 YC、各种熔断器和电阻器、电锁 DS、转换开关 SA2 等组成。

7）利用"合闸后" SA1 的触点 1-3 和 19-17 的接通完成的，但 QF 辅助常闭点合闸后是断开的，但事故跳闸后，QF 辅助常闭复位，SA1 保持原合闸后位置，此时事故掉闸音响回路接通启动，发出音响，表示事故跳闸。

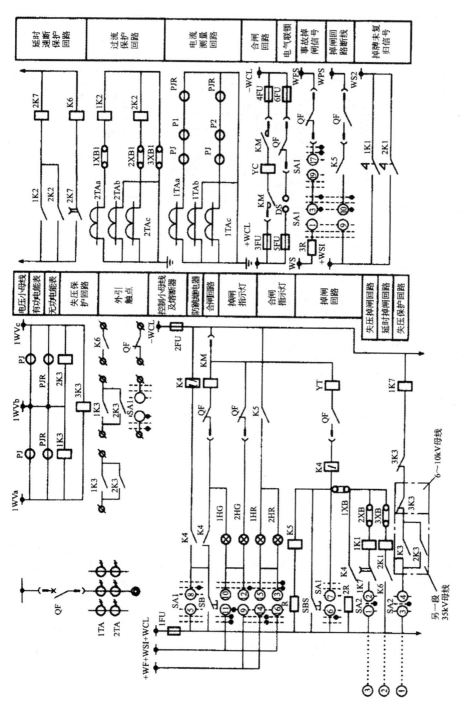

图 3-17 35kV 主进线断路器控制及保护二次回路原理图

实例16：35kV 电压互感器二次回路原理图识读

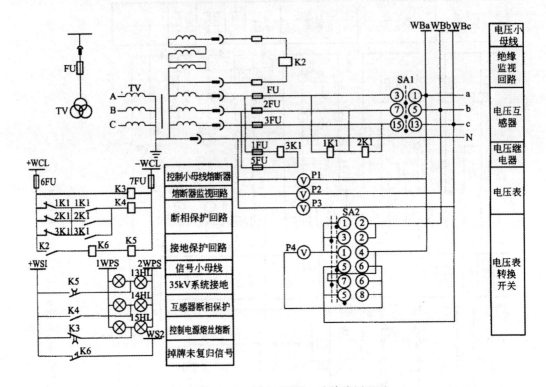

图 3-18　35kV 电压互感器二次接线原理图

图 3-18 为 35kV 电压互感器二次接线原理图，从图中可以了解以下内容：

1）电压互感器 TV 与母线的连接，采用捅头插座式并用熔断器 FU 进行保护。

2）K3 作为控制小母线熔丝熔断的检测元件，正常时 K3 吸合，其常闭点打开，信号灯 15HL 熄灭，但当 K3 失电时，其常闭点延时闭合，15HL 点亮报警。

3）K4 作为断相的检测元件，在正常时，1K1~3K1 全部吸合，1K1~3K1 的常闭并联后与 1K1~3K1 的常开串联，有一相断相，其 1K1~3K1 则有一只失电，常闭有一只闭合复位，而对应的常开则有一只打开，K4 接通电源动作，其常开闭合，14HL 点亮报警。

4）K2 在动作时，其常开闭合，接通接地保护回路，时间继电器 K5 动作，其常闭延时闭合，使 13HL 点亮报警，同时信号继电器 K6 动作，发出掉牌来复归信号。

3 电气工程识图实例

实例17：6~10kV/0.4kV 变配电电气系统图识读

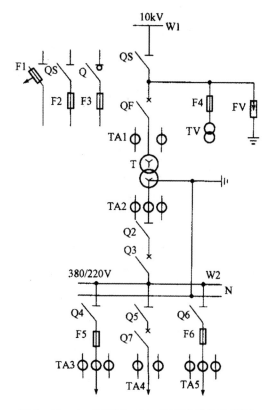

图 3-19　6~10kV/0.4kV 变配电电气系统图

图 3-19 为 6~10kV/0.4kV 变配电电气系统图，从图中可以了解以下内容：

1）采用 10kV 进线，电源从 W1 引入。

2）高压配电装置为两面高压柜，其中，一面柜中装有隔离开关 QS、断路器 QF，另一面柜中装有一台电压互感器 TV 和两台电流互感器 TA1，柜中还有熔断器 F4 与避雷器 FV。

3）变压器 T 低压侧中性点接地，并引出中线 N 接入低压开关柜。

4）在低压配电装置中，包括一面主柜，柜中装有三台电流互感器 TA2、总隔离开关 Q2 和总断路器 Q3。断路器 Q3 总后连接柜上的母线 W2。

5）低压配电装置中有三条配电回路：左边第一回路上装有熔断器 F5、隔离开关 Q4 和三只电流互感器 TA3；中间第二回路上装有隔离开关 Q5、断路器 Q7，该回路上只安装两只电流互感器 TA4，分别监测两根导线中的电流；右边第三回路上的设备与左边第一回路的设备相同。

6）图中左上角为三种简化的高压设备配置方法：一是使用室外跌落式熔断器 F1；二是使用隔离开关 QS 与熔断器 F2 组合；三是使用负荷开关 Q 和熔断器 F3 组合。

实例18：35kV/10kV 变配电电气系统图识读

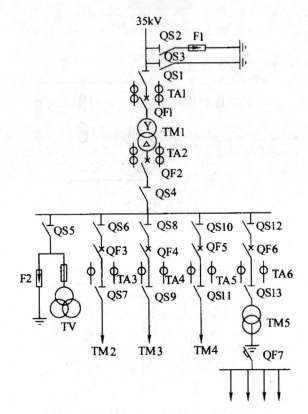

图 3-20 35kV 总降压站电气系统图

图 3-20 为 35kV 总降压站电气系统图，从图中可以了解以下内容：

1）采用一路进线电源，一台主变压器 TM1。

2）TM1 的高压侧经断路器 QF1 和隔离开关 QS1 接至 35kV 进线电源。

3）QS1 和 QF1 间有两相两组电流互感器 TA1，用于高压计量与继电保护。进线电源经隔离开关 QS2 接有避雷器 F1，主要用于防雷保护。QS3 为接地闸刀，它可在变压器检修时或 35kV 线路检修时用于防止误送电。

4）TM1 的低压侧接有两相两组电流互感器 TA2，主要用于 10kV 的计量和继电保护。

5）断路器 QF2 可带负荷接通或切断电路，可以在 10kV 线路发生故障或过载时作为过电流保护开关。

6）QS4 主要用于检修时隔离高压。

7）10kV 母线接有 5 台高压开关柜（QS5、QS6、QS8、QS10、QS12），其中一台高压柜装有电压互感器 TV 和避雷器 F2。电压互感器 TV 用于测量及绝缘监视，避雷器 F2 主要用于 10kV 侧的防雷保护，其余四台开关柜向四台变压器（TM2、TM3、TM4、TM5）供电。

实例19：380V/220V 低压配电系统图识读

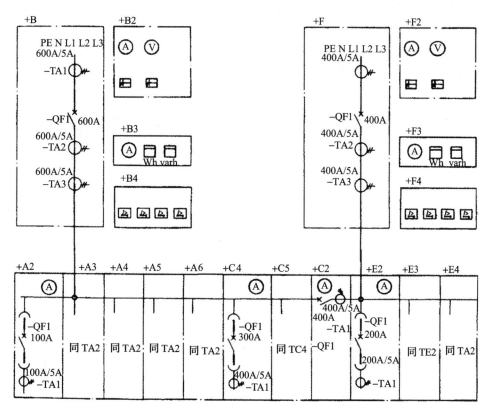

图 3-21 380V/220V 低压配电系统图

图 3-21 为 380V/220V 低压配电系统图，从图中可以了解以下内容：

1）供电系统为 TN-S 系统（三相五线制，L1、L2、L3、N、PE）。

2）单线图画出五台组合式低压配电屏，位置代号分别为 +A、+B、+C、+E、+F，每台柜中又分五路，分别为 +1、+2、+3、+4、+5。

3）低压配电系统为两路进线，设置两台进线柜 +B 和 +F，线路开关（空气断路器 QF1）装于 +B2、+F2 单元中。

4）开关额定电流为 600A。

5）+B2、+F2 面板上装有电流表、电压表及复合开关，电流互感器为 600A/5A。

6）+B3、+F3 为计量单元，通过电流互感器 -TA2 将 600A 一次电流折算为 5A 二次电流，送到电流表、有功电能表、无功电能表计量，+B4、+F4 是保护单元，内装有电流互感器（600A/5A）一组，电流继电器四个，进行过电流保护。

7）+A2、+A3、+A4、+A5 为 +A6 馈电单元，分别装有 100A 空气断路器和 100A/5A 电流互感器。

8）+C 为联络单元，在两路供电系统当中，当一路发生故障停电，另一路可自动进行切换。+C2装有两路母线联络开关QF1（400A）和一个电流表。当一路停电时，另一路可自动进行切换，保持供电。+C4、+C5为馈电单元，装有300A空气断路器、一个400A/5A的电流互感器及电流表。

9）+E2、+E3、+E4也是馈电单元，装有200A空气断路器（QF1）和一个200A/5A的电流互感器。

实例20：某小型工厂变电所主接线图识读

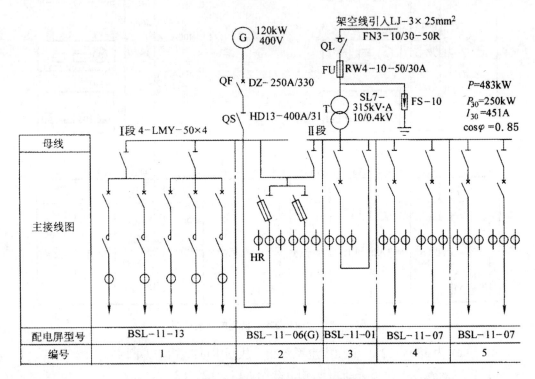

图3-22 某小型工厂变电所主接线图

图3-22中元器件材料参数见表3-1。

表3-1 元器件材料参数

配电屏型号	BSL-11-13					BSL-11-06（G）		BSL-11-01	BSL-11-07		BSL-11-07	
配电屏编号	1					2		3	4		5	
馈线编号	1	2	3	4	5	—	6	—	7	8	9	10
安装功率（kW）	78	38.9	—	15	12.6	120	43.1	315	—	53.5	182	—	64.8
计算功率（kW）	52	26	—	10	10	120	38.1	250	—	40	93	—	26.5

续表 3-1

配电屏型号	BSL-11-13					BSL-11-06（G）			BSL-11-01		BSL-11-07		BSL-11-07
配电屏编号	1					2			3		4		5
计算电流（A）	75	43.8	—	15	15	217	68	451	—	61.8	177	—	50.3
电压损失（%）	3.2	4.1	—	1.88	0.8	—	3.9	—	—	3.78	4.6	—	3.9
HD 型开关额定电流（A）	100	100	100	100	100	400	100	600	600	200	400	200	200
GJ 型接触器额定电流（A）	100	100	100	60	60	—	—	—	—	—	—	—	—
DW 型开关额定电流（A）	—	—	—	—	—	—	—	600/800	—	400/100	—	—	400/100
DZ 型开关额定电流（A）	100/75	100/50	100	100/25	100/25	250/330	250/150	—	—	—	—	—	—
电流互感器电流比	150/5	150/5	150/5	150/5	50/5	250/5	100/15	500/5	—	75/5	300/5	100/15	75/5
电线电缆型号	BLX	BLV	—	BLV	BLV	VLV2	LJ	LMY	—	BLV	LGJ	—	BLV
电线电缆导线根数×截面积（mm²）	3×50+1×16	4×16	—	4×10	4×10	3×95+1×50	4×16	50×4	—	4×16	3×95+1×50	—	4×16
敷设方式	架空线	架空线	—	架空线	架空线	电缆沟	架空线	母线穿墙	—	架空线	架空线	—	架空线
负荷或电源名称	职工医院	试验室	备用	水泵房	宿舍	发电机	办公楼	变压器	—	礼堂	附属工厂	备用	路灯

图 3-22 为某小型工厂变电所主接线图，从图中可以了解以下内容：

1) 电源进线是采用 LJ-3×25mm² 的三根 25mm² 的铝绞线架空敷设引入的，经过负荷开关 QL（FN3-10/30-50R）、熔断器 FU（RW4-10-50/30A）送入主变压器（SL7-315kVA，10/0.4kV），把 10kV 的电压转换为 0.4kV 的电压，由铝排送到 3 号配电屏，再进到母线上。

2) 3 号配电屏的型号为 BSL-11-01。

3) 低压配电屏有两个刀开关、一个万能型自动空气断路器。自动空气断路器的型号为 DW10，额定电流为 600A。

4) 为保护变压器，防止雷电波袭击，在变压器高压侧进线端安装了一组三个 FS-10 型避雷器。

5) 该电路图采用单母线分段式、放射式配电方式，用 4 根 LMY 型、截面积为 50mm×4mm 的硬铝母线作为主母线，两段母线通过隔离刀开关进行联络。

6) 当电源进线正常供电而备用发电机不供电时，联络开关闭合，两段母线均由主变压器供电。当电源进线、变压器等发生故障或检修时，变压器的出线开关断开，停止供电，联络开关断开，备用发电机供电，此时只有Ⅰ段母线带电，供给职工医院、水泵房、办公室、试验室、宿舍等。只要备用发电机不发生过载，也可通过联络开关使Ⅱ段母线有电，送给Ⅱ段母线的负荷。

7) 该变电所共有 10 个馈电回路，其中 3、9 回路为备用。其中，第 6 回路由 2 号屏输出，供给办公楼，安装功率 P_e = 43.1kW，计算功率 P_{30} = 38.1kW，需要系数为 k_d = $\dfrac{P_{30}}{P_e} = \dfrac{38.1}{43.1} = 0.88$。

8) 平均功率因数为 0.85，则第 6 回路的计算电流 $I_{30} = \dfrac{P_{30}}{\sqrt{3}U_N\cos\varphi} = \dfrac{38.1}{\sqrt{3}\times 0.38\times 0.85}$ A = 68A。

9) 第 6 回路中有三个电流比为 100A/15A 的电流互感器以供测量用。馈线采用 4 根铝绞线（LJ-4×16mm²）进行架空线敷设，全线电压损失为 3.9%。

10) 该变电所采用柴油发电机组作为备用电源，发电机的额定功率为 120kW，额定电压为 400V/230V，功率因数为 0.85，额定电流 $I_{30} = \dfrac{P_{30}}{\sqrt{3}U_N\cos\varphi} = \dfrac{120}{\sqrt{3}\times 0.4\times 0.85}$ A = 203.8A。因此，选用发电机出线断路器的型号为 DZ 系列，额定电流为 250A。

11) 备用发电机电源经自动空气断路器 QF 和刀开关 QS 送到 2 号配电屏，再引至Ⅰ段母线。

12) 从发电机房至配电室采用型号为 VLV2-500V 的三根截面积为 95mm²（作相线）和一根截面积为 50mm²（作中性线）的电缆沿电缆沟进行敷设。

13) 2 号配电屏的型号是 BSL-11-06（G），有一路进线，一路馈线。进线用于备用发电机，它经三个电流比为 250A/5A 的电流互感器和一组熔断器式开关（HR），又分成两路，左边一路接Ⅰ段母线，右边一路经联络开关送到Ⅱ段母线。其馈线用于第 6 回路，供电给办公楼。

3 电气工程识图实例

> 实例21：竖向干线系统图识读

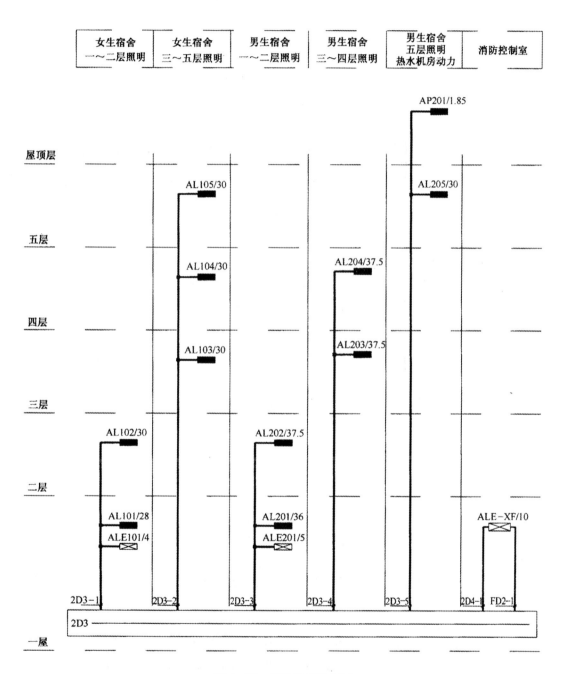

图3-23 竖向干线系统图

图3-23为竖向干线系统图，从图中可以了解以下内容：

1）以图中的男生宿舍为例说明：男生宿舍一层设置了配电箱AL201和ALE201。AL201为普通照明配电箱，ALE201为整个男生宿舍的公共照明、疏散指示照明配电箱。

2）男生宿舍 2~5 层均设置普通照明配电箱 AL202~AL205，屋顶层还有一个热水机房动力配电箱。配电箱编号后面的数字为该配电箱所带负荷的安装容量，单位为 kW。

实例 22：配电箱系统图识读

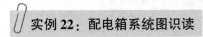

图 3-24 配电箱系统图

图 3-24 为配电箱系统图，从图中可以了解以下内容：

1）图中虚线框内的设备均放置在配电箱内。

2）配电箱 ALE201 为男生宿舍走廊、楼梯间照明提供电源。配电箱所带负荷安装容量为 5kW，配电箱进线电缆为一根五芯阻燃 YJV 电力电缆（三相供电），五芯截面为 $6mm^2$，其中三芯为相线，一芯为中性线，一芯为保护线。进线设置型号为 XL-380 的防火漏电断路器，断路器额定电流 16A。箱内还设置 EPS 应急电源，电源容量 6kW，以保证事故时公共照明的可靠性。箱内还设置了型号规格为 CJP-40/4-385 的电涌保护装置。

3）配电箱出线为一到五层每层一个回路，屋顶层两个回路。出线保护均采用型号为 NB1-C、额定电流 10A 的单极断路器。出线采用单相供电方式。一层回路编号 s1，由 L1 相供电，负责一层走廊、楼梯间照明。电线为阻燃 BV 铜芯线。相（L）线、零（N）线、保护（PE）线截面均为 $2.5mm^2$，穿 $\phi15$ 的焊接钢管，在顶板内或墙内暗敷设。二层回路编号 s2，由 L2 相供电，负责二层走廊、楼梯间照明。电线为阻燃 BV 铜芯线。相（L）线、零（N）线、保护（PE）线截面均为 $2.5mm^2$，穿 $\phi15$ 的焊接钢管，在顶板内或墙内暗敷设。上面各层依此类推。

实例23：配电室设备平面布置图识读

图3-25为配电室设备平面布置图，从图中可以了解以下内容：

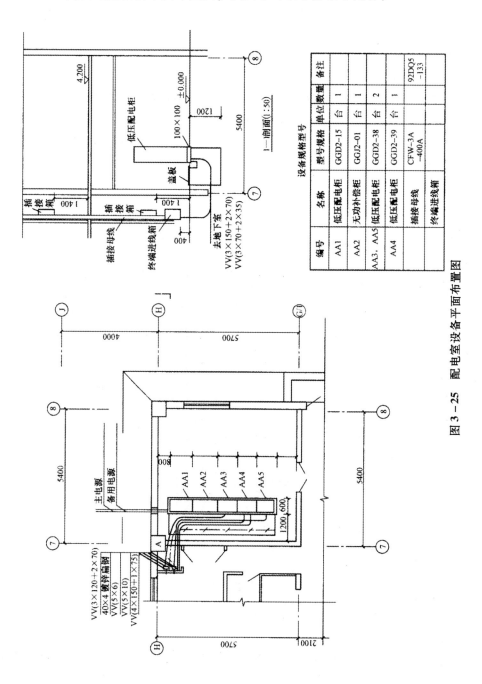

图3-25 配电室设备平面布置图

1) 该图是配电室设备平面布置图,并在图中列出了剖面图和主要设备规格型号。

2) 配电室位于一层右上角⑦~⑧和 H-G/1 轴间,面积为 5400mm×5700mm。两路电源进户,其中有一路备用,380V/220V,电缆埋地引入,进户位置 H 轴距⑦轴 1200mm 并引入电缆沟内,进户后直接接于 AA1 的总隔离刀开关上闸口。进户电缆 VV22(3×185+1×95)×2、备用电缆 VV22(3×185+1×95),由厂区变电所引来。

3) 室内设柜 5 台,成列布置于电缆沟上,距 H 轴 800mm,距⑦轴 1200mm。出线经电缆沟引至⑦轴与 H 轴所成直角的电缆竖井内,通往地下室的电缆引出沟后埋地 -0.800m 引入,如图所示。

4) 柜体型号及元器件规格型号,如图所示的设备规格型号标注。槽钢底座使用 100mm×100mm 槽钢。电缆沟敷盖 50mm 厚的木盖板。

5) 接地线由⑦轴与 H 轴交叉柱 A 引出到电缆沟内并引到竖井内,材料为 40mm×4mm 镀锌扁钢,系统接地电阻不大于 4Ω。

实例 24:首层动力平面图识读

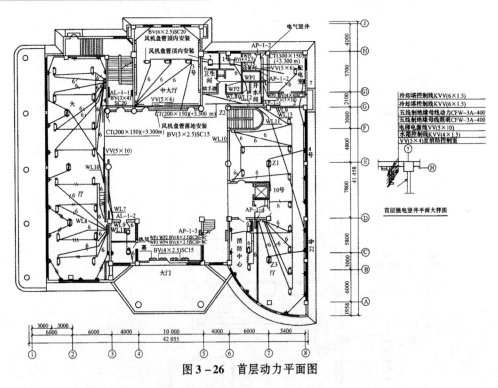

图 3-26 首层动力平面图

图 3-26 为首层动力平面图,从图中可以了解以下内容:

1. 电源的引入

电源的引入是从设在⑦轴和 H 轴交叉点的竖井中五线制插接母线取得的,插接母线在每层设插接箱。插接母线型号为 CFW-3A-400。从插接箱上取得电源的是 VV 电缆,引出竖井后沿桥架敷设送至各配电箱,桥架是沿⑦轴、G 轴、③轴敷设的,标高 +3.300m,标注为 $CT\left(\dfrac{300}{200}\times150\right)$(+3.300m)两种,其中的电缆是截断画出的,只画出了引至配电箱的一段，并标注规格型号，如 VV（5×10）。

2. 动力配电箱

1）AP-1-1 号配电箱位于⑧轴配电室墙的外侧，暗装距地 1.4m。电源用 VV（5×10）电缆经桥架引入。引出的第一回路 WP1 和第二回路 WP2 送至卫生间的烘手器，管线 BV（3×4）SC20，埋地板内敷设，烘手器安装距地 1.2m。第三回路 WP3，用管线引至开水间三相带接地插座，型号为 P86Z14-25，暗装距地 0.3m，管线 BV（4×4）SC20，埋地板内敷设。

2）AP-1-2 号配电箱位于设备间竖井侧，暗装距地 1.4m，用管线从电缆槽架内引入，管线型号为 BV（5×6）SC25-WC，暗设在墙内（WC）。引出一个回路 WP1 新风机组，管线型号为 BV（4×2.5）SC15-FC。

3）AP-1-3 号配电箱位于楼梯间⑤轴上，暗装距地 1.4m，电源由上层引来。垂直相同位置，引出 4 个回路至热风幕，管线分两路，管线型号均为 BV（8×2.5）SC20-BC，架内敷设，热风幕安装在大门口上房吊顶上皮，风口朝下。

4）AP-1-4 号配电箱位于右大厅 D 轴处，电源由上层引来。垂直相同位置，暗装距地 1.4m。

3. 照明配电箱

1 号配电箱设置于左大厅楼梯间外侧，暗装，距地 1.4m。电源经桥架由插接母线引来，电缆 VV（5×10）。引出 6 个回路，其中 WL8 为插座回路，用管线引出后引至③轴、G 轴和⑥轴围成的大厅内，埋墙设置 8 只二位两极双用带接地插座，型号为 PZ30-3016，暗装距地 0.3m。管线为 BV（3×4）SC20，埋地或埋墙敷设。其他回路的插座，其规格型号、安装方式、管线敷设均与此相同。

WL9 为插座回路，管线引出后引至右侧 G 轴和⑧轴，设置 10 只插座，并从 2 号插座处引至配电室 7 号插座，并从 4 号插座处引至大厅 Z1 号柱子上对称设置两只插座，然后从 Z1 号柱子再引至电梯间后侧设置 10 号插座。

WL10 为插座回路，管线引出后引至左侧 G 轴至 Z2 号柱后沿⑥轴引至消防中心，埋墙设置四只插座。

WL11 为风机盘管回路，管线引出后沿大厅地板引至 D 轴后沿⑧轴墙体设置 5 只插座，其中由 Z2 号插座处引至大厅 Z3 号柱子上对称设置两只插座，然后从 Z3 号再引至 AP-1-4 配电箱处设置一只插座。

WL12 为风机盘管回路，因为风机盘管为吊顶内安装，因此风机盘管之间的管线及风机盘管至其控制开关间的管线也在吊顶内敷设。所不同的是由配电箱引出的管线和控制开关引出的管线是在墙内暗设到吊顶线以上 100mm 处的接线盒处。由每个回路 1 号风机盘管到配电箱埋墙引出的该盒处，以及每台风机盘管到控制开关引出的该盒处的管线也是在吊顶内敷设的。同样落地安装的风机盘管到吊顶内风机盘管的管线也是用上述方法连接的，先敷管到吊顶线以上 100mm，然后顶内再敷管连接。

WL12 回路，管线从配电箱埋墙引至顶上后再引至 1 号风机盘管，这里分为两路，一路右引至配电室，另一路给 2 号后再引至中大厅，从 3 号再引至中大厅入口处落地安装的风机气管。

风机盘管的管线均为 BV（3×2.5）SC15、BV（6×2.5）SC20，控制开关均为暗装距地面1.4m。

AL-1-2号配电箱设置于左大厅③轴与D轴交点处，电缆由桥架VV（5×10）电源引入，引出5个回路，其中WL7~WL9为插座回路，WL10、WL11为风机盘管回路。

AL-1-3号配电箱设置于左大厅楼梯间④轴上，供地下室用。

实例25：2层动力平面图识读

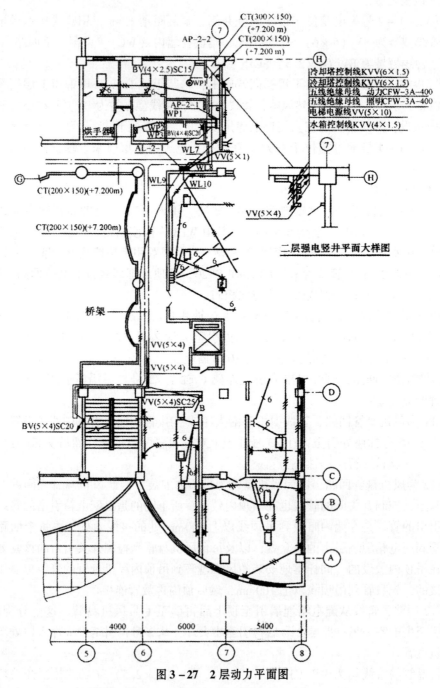

图3-27 2层动力平面图

图 3-27 为 2 层动力平面图，从图中可以了解以下内容：
1. 电源的引入

电源的引入是从设在⑦轴和 H 轴交叉点的竖井中五线制插接母线取得的，插接母线在每层设插接箱，插接母线型号为 CFW-3A-400。从插接箱上取得电源的是 VV 电缆，电缆型号为 VV（5×10）-CT，引出竖井后沿桥架敷设送至各配电箱。桥架是沿⑦、⑥、D 和⑤轴敷设的，标注分别为 CT（300×150）（+7.200m）和 CT（200×150）（+7.200m）。标高 7.200m 是从首层算起，CT（300×150）表示宽 300mm 高 150mm 的电缆桥架。

2. 动力配电箱

AP-2-1 号配电箱位于⑦轴墙体的左侧，暗装距地 1.4m。电源用 VV（4×5）（4 根 $5mm^2$）电缆经桥架引入。引出的第一回路 WP1 和第二回路 WP2 送至卫生间的烘手器，管线型号为 BV（4×4）SC20。引出的第三回路 WP3，用管线引至三相的带接地插座，用于电开水器，暗装距地 0.3m，管线型号为 BV（4×4）SC20，埋地暗敷。

3. 照明配电箱

AL-2-1 号配电箱设置于 G 轴楼梯间外侧，暗装，距地 1.4m。电源经桥架由插接母线引来，电缆型号为 VV（5×10），引出 12 个回路。其中 WL7 为插座回路，用管线引出后引至图 3-25 左上区域，埋墙设置 2 只二位两极双用带接地插座，暗装距地 0.3m。管线型号为 BV（4×4）SC20，埋地或埋墙敷设。

WL8、WL9、WL10 为插座回路，安装方式、管线敷设均与 WL7 相同。

实例 26：首层照明平面图识读

图 3-28 为首层照明平面图，从图中可以了解以下内容：

1）首层照明平面图共设三个配电箱，其中 AL-1-1 号配电箱是供楼梯间、中大厅、卫生间、开水间、配电室、右大厅及消防中心、圆形楼梯间的照明电源。AL-1-2 号供左大厅、大门及大门楼梯间照明电源。AL-1-3 号供地下室照明电源。另外 AL-1-2 号和 AL-1-1 号还要供楼体室外泛光照明。

2）AL-1-1 号配电箱共分出 7 个回路。由配电箱到 A 点（A 点为一走廊用筒灯，吊顶内安装）为四根线，三相一零共 3 路，即 WL1、WL5（部分）和 WL6。

走廊的筒灯、疏导指示灯及由 3 号筒灯分至圆形楼梯间 F 点的电源为 WL5 回路。其中筒灯为两地控制，采用单联双极开关控制，疏导指示灯单独控制。F 点电源由此引下至地下 1 层 I 处，并经地板引至 E 点，使壁灯形成两地控制。

C 点将 WL1 引至中大厅，将 WL6 引至 D 点，大厅内设四组荧光灯由多联开关单独分组控制。从 D 点将 WL6 引至 G 点。G 点一是将电源穿上引下作为二层及以上楼梯间照明的电源；二是将管线引至 H 点并引至 2 层作为两地控制开关（/）的控制线；三是将管线经④轴引至本层楼梯间吸顶灯、入口处吸顶灯及疏导灯，入口处和本层楼梯间的吸顶灯、疏导灯均为双联开关单独控制；四是引至门厅吸顶灯疏导灯，单联单控。其中荧光灯的标注为共同标注 $115\frac{2\times40}{-}R$，双管 40W，顶棚内嵌入式安装。楼梯间吸顶灯

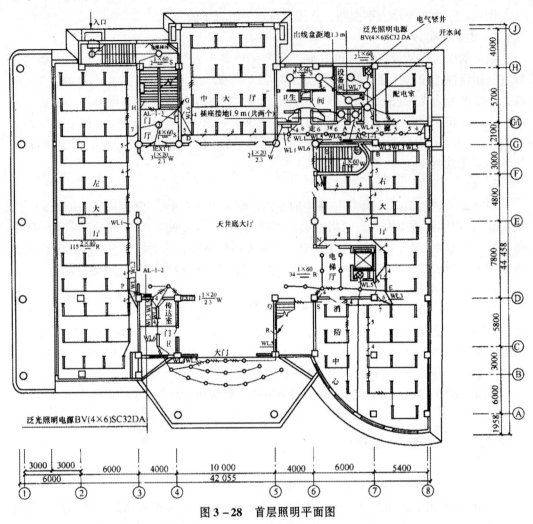

图 3-28 首层照明平面图

为 $2\dfrac{1\times60}{-}S$，门厅为 $1\dfrac{4\times60}{-}S$，4 只 60W 灯泡的吸顶灯，疏导灯为 $3\dfrac{1\times20}{2.3}W$，壁装。

由配电箱到 B 点也为 4 根导线，即 3 个回路 WL2、WL3 和 WL5（部分）。

右大厅上半部为 WL2 路，设在 M、N 点的双联单极开关将荧光灯分为 6 路控制。

从 E 点将线路引至右大厅下半部和电梯间，下半部为 WL3 路，其中消防中心为 3 路控制，大厅为 5 路控制，WL5 路为 3 路控，均采用多联开关。

由配电箱到开水间为 WL4 路，包括配电室、开水间、设备间、卫生间的照明，其中配电室、设备间和卫生间的 1 只吸顶灯及预留 1.3m 处的照明装置为双联控制外，其余均为单控。另外卫生间设插座 2 只，标高 1.9m。

由配电箱经地板预埋管线 BV（4×6）SC32DA，至室外为泛光照明电源，从引入点到投光灯处。

3）AL-1-2 号配电箱共分出 6 个回路。其中 WL6 为室外泛光照明的电源。由配电箱到左大厅 P 点引出 WL1 和 WL2 两个回路共 12 组荧光灯，上半部为 WL1，下半部为 WL2，各分 6 路均由两只三联开关单控。

由配电箱引至传达室荧光灯有3个回路：WL3、WL4和WL5。传达室、门卫室及传达室门口筒灯为WL3路。其中荧光灯单控，筒灯与疏导灯由两联开关分两路控制。

由门卫室引至大门筒灯为WL4路，配电箱集中控制，通过筒灯回路将电源WL5路引至楼梯间的Q点上，并设单极双联开关完成该楼梯间照明的两地控制，同时经地板将管线引至S点并在此点将管线上引至2层该位置。

⑤轴上R点由2层引来管线并在此设三联单极开关，完成二层前大庭筒灯的3路控制。

实例27：2层照明平面图识读

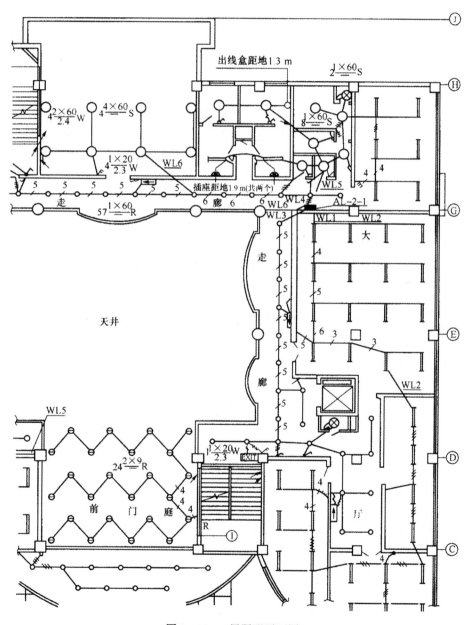

图3-29　2层照明平面图

图 3-29 为二层照明平面图，从图中可以了解以下内容：

如图所示的二层照明平面布置有很多与图 3-29 相同之处，主要不同之处及注意事项有以下几点：

1）天井四周的走廊和前门庭设置了筒灯，其中走廊筒灯为单联双极开关两地控制，而回路中引出的疏导指示灯则为单独控制。前门庭的筒灯则由⑤轴R点引下，由首层同位置设三联单极开关分3路控制。

2）图 3-29 中的大厅荧光灯、中大厅吸顶灯、除走廊以外的筒灯均采用多联开关分路控制。

3）楼梯间有穿上引下的管线，控制方式为两地控制，同首层。

实例28：住宅照明线路平面图识读

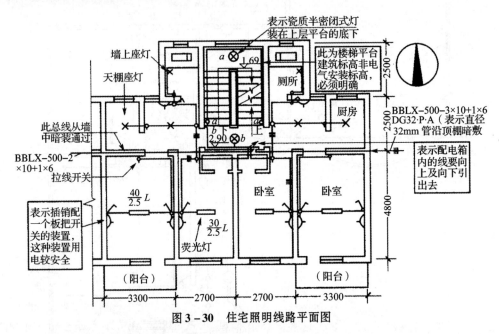

图 3-30 住宅照明线路平面图

图 3-30 为住宅照明线路平面图，从图中可以了解以下内容：

1）此图采用的是明线敷设。

2）进线位置在纵向墙南往北第二道轴线处。

3）在楼梯间有一个配电箱，室内有荧光灯、顶棚座灯、墙壁座灯，楼梯间有吸顶灯，有插销、拉线开关，以及连接这些灯具的线路。

实例29：3层、6层照明平面图识读

图 3-31 为3层照明平面图（局部），图 3-32 为6层照明平面图（局部），从图中可以了解以下内容：

3~6层照明平面图基本相同，并与图 3-28 及图 3-29 有相似之处。读图时应注意以下几点：

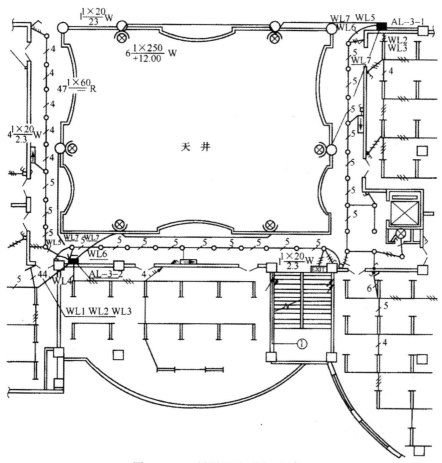

图 3-31 3层照明平面图（局部）

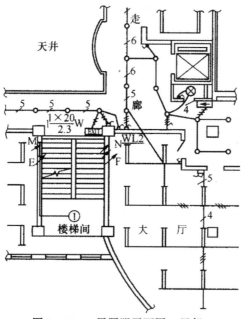

图 3-32 6层照明平面图（局部）

1) 3层在天井的柱子上增设了6只金属卤化物灯,标注为 $6\frac{1\times125}{+12.00}$,每只125W,安装标高为12m,壁装式,由 AL-3-1 号和 AL-3-2 号配电箱分两路集中控制。

2) 除楼梯间外没有穿上引下的管线。

3) 注意多联单极开关的使用及其对应的回路,以及配电箱的位置变化和房间的开间变化。

4) 4层左大厅部分改为单管荧光灯。

5) 6层⑤至⑥轴楼梯间除楼梯间照明控制的由下引来管线外,在⑤和⑥轴的E点和F点向7层引去管线作为楼梯间壁灯的电源。

6) 分析平面图时应与系统图对照。

实例30:某照明配电系统图识读

图3-33为某照明配电系统图,从图中可以了解以下内容:

1) 该照明工程采用三相四线制供电。

2) 电源进户线采用 BV22-(4×60)-SC80-FC,表示四根铜芯塑料绝缘线,每根截面为 $60mm^2$,穿在一根直径为80mm的水煤气管内,埋地暗敷设,通至配电箱,内有漏电开关,型号为 HSL1-200/4P120A/0.5A,然后引出四条支路分别向1~4层供电。

3) 此四条供电干线为三相四线制,标注为 BV-4×50-SC70-FC,表示有四根铜芯塑料绝缘线,每根截面为 $50mm^2$,穿在直径为70mm的水煤气管内,埋地暗敷设。

4) 底层为总配电箱,2~4层为分配电箱。每层的供电干线上都装有漏电开关,其型号为 RB1-63C40/3P。

5) 由配电箱引出14条支路,其配电对象分别为:①、②、③支路向照明灯和风扇供电,线路为 BV-500-2×4-PVC16-WC,表示两根铜芯塑料绝缘线,每根截面为 $4mm^2$,穿直径为 $16mm^2$ 的阻燃型PVC管沿墙暗敷。

6) ④、⑤支路向单相五孔插座供电,线路为 BV-500-3×2.5-PVC16-WC。

7) ⑥、⑦、⑧、⑨、⑩、⑪、⑫向室内单相空调用三孔插座供电,线路为 BV-500-3×4-PVC20-WC。

8) ⑬、⑭支路备用。

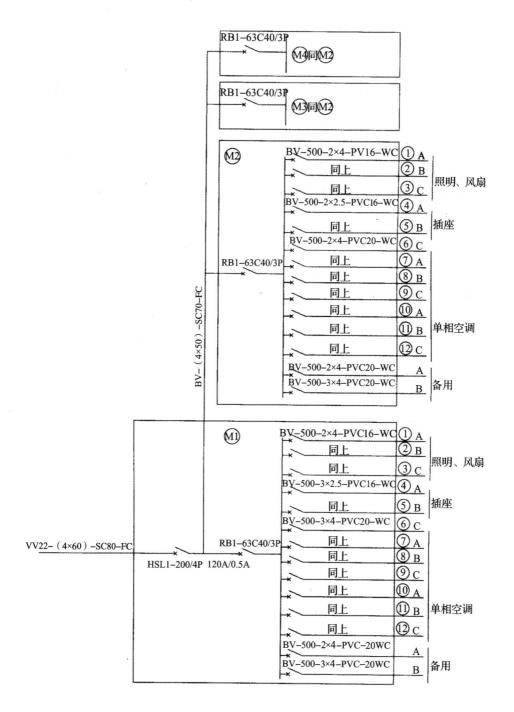

图 3-33 某照明配电系统图

实例31：某建筑局部照明配电箱系统图识读

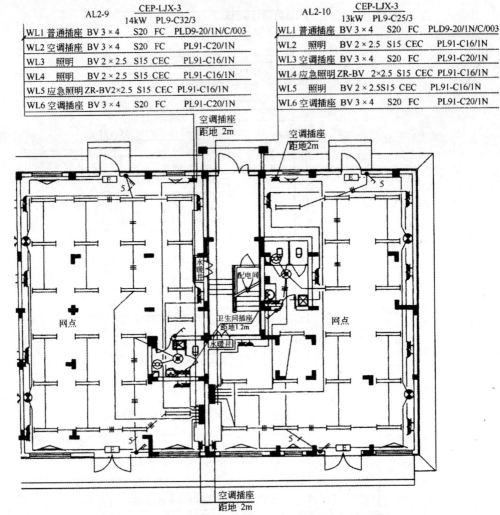

图3-34 某建筑局部照明及部分插座电气平面图

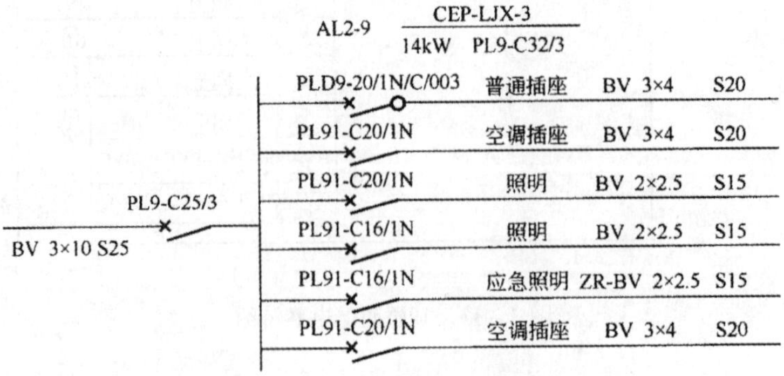

图3-35 AL2-9配电箱系统图

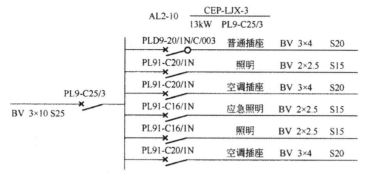

图 3-36　AL2-10 配电箱系统图

图 3-34 为某建筑局部照明及部分插座电气平面图，图 3-35 为 AL2-9 配电箱系统图，图 3-36 为 AL2-10 配电箱系统图，从图中可以了解以下内容：

1）电源由配电箱 AL2-9 引出，配电箱 AL2-9、AL2-10 中由一路主开关和六路分开关构成。

2）左面房间上下的照明控制开关均为四极，因此开关的线路为 5 根线，（即火线进 1 出 4）。

3）卫生间有一盏照明灯和一个排风扇，因此采用一个两极开关，其电源仍与前面照明公用一路电源。

4）各路开关所采用的开关分别有 PL91-C16、PL91-C20 具有短路过载保护的普通断路器及 PLD9-20/1N/C/003 带有漏电保护的断路器，保护漏电电流为 30mA。

5）各线路的敷设方式是 AL2-9 照明配电箱线路，分别为 3 根 4mm² 聚氯乙烯绝缘铜线穿直径 20mm 钢管敷设（BV3×4S20）、2 根 2.5mm² 聚氯乙烯绝缘铜线穿直径 15mm 钢管敷设（BV2×2.5S15）以及 2 根 2.5mm² 阻燃型聚氯乙烯绝缘铜线穿直径 15mm 钢管敷设（ZR-BV2×2.5S15）。

6）右侧房间的控制线路与左侧相似，只是上面的开关只控制两路照明光源，为两极开关，卫生间的照明控制仍采用两极开关控制照明灯和排风扇。

实例 32：某公寓变配电所平面图识读

图 3-37 为某公寓变配电所平面图，图 3-38、图 3-39 分别为高、低压配电柜安装平、剖面图，从图中可以了解以下内容：

1）变电所内共分为高压室、低压室、变压器室、操作室及值班室等。

2）低压配电室与变压器室相邻，变压器室内共有 4 台变压器，由变压器向低压配电屏采用封闭母线配电。

3）低压配电屏采用 L 形进行布置，低压配电屏内包括无功补偿屏，此系统的无功补偿在低压侧进行。

4）高压室内共设 12 台高压配电柜，采用两路 10kV 电缆进线，电源为两路独立电源，每一路分别供给两台变压器供电。

5）在高压室侧壁预留孔洞，值班室与高、低压室紧密相邻，有门直通，便于维护与检修，操作室内设有操作屏。

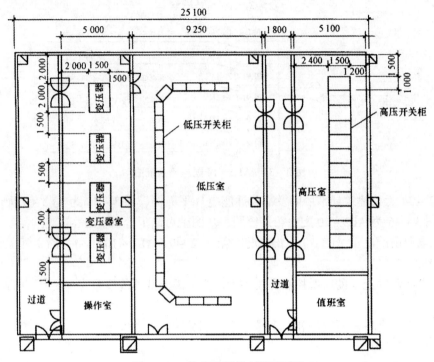

图 3-37 某公寓变配电所平面图

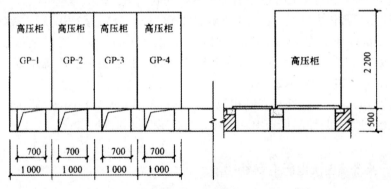

图 3-38 变配电室高压配电柜平、剖面图

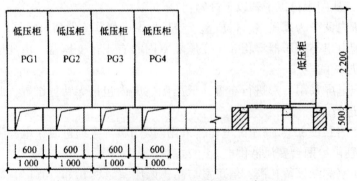

图 3-39 变配电室低压配电柜平、剖面图

实例 33：某办公楼低压配电系统图识读

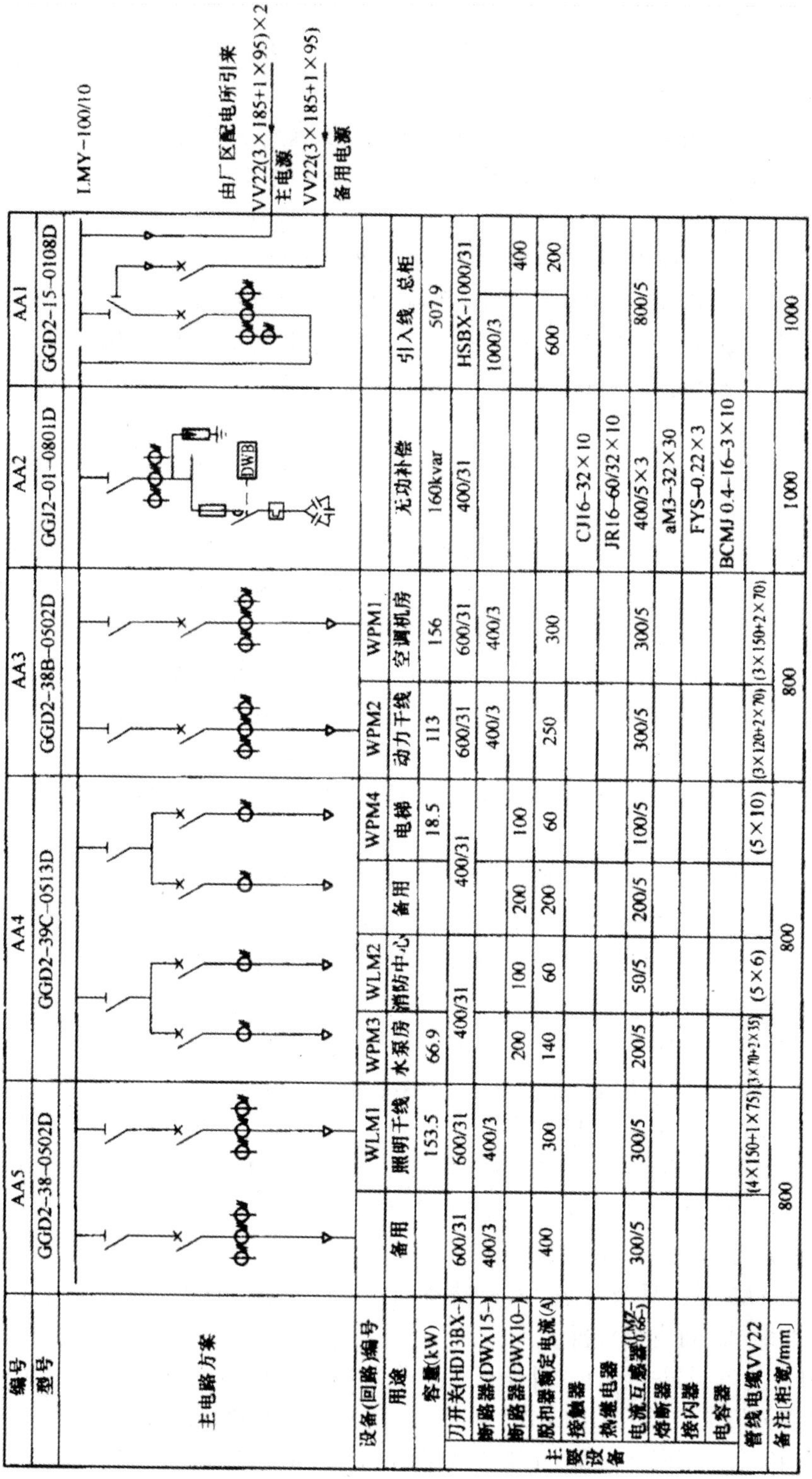
编号
AA5
AA4
AA3
AA2
AA1
型号
GGD2-38-0502D
GGD2-39C-0513D
GGD2-38B-0502D
GGJ2-01-0801D
GGD2-15-0108D
主电路方案
LMY-100/10
DWB
由厂区配电所引来
VV22(3×185+1×95)×2
主电源
VV22(3×185+1×95)
备用电源
设备(回路)编号
WLM1
WPM3
WLM2
WPM4
WPM2
WPM1
用途
备用
照明干线
水泵房
消防中心
备用
电梯
动力干线
空调机房
无功补偿
引入线 总柜
容量(kW)
153.5
66.9
18.5
113
156
160kvar
507.9
主要设备
刀开关(HD13BX-)
600/31
600/31
400/31
400/31
600/31
600/31
400/31
HSBX-1000/31
断路器(DWX15-)
400/3
400/3
400/3
400/3
1000/3
断路器(DWX10-)
200
100
200
100
400
脱扣器额定电流(A)
400
300
140
60
200
60
250
300
600
200
接触器
CJ16-32×10
热继电器
JR16-60/32×10
电流互感器(LMZ-0.66-)
300/5
300/5
200/5
50/5
200/5
100/5
300/5
300/5
400/5×3
800/5
熔断器
aM3-32×30
接闪器
FYS-0.22×3
电容器
BCMJ 0.4-16-3×10
管线电缆VV22
(4×150+1×75)
(3×70+2×35)
(5×6)
(5×10)
(3×120+2×70)
(3×150+2×70)
备注[柜宽/mm]
800
800
800
1000
1000

图 3－40 某办公楼低压配电系统图

图3-40为某办公楼低压配电系统图，从图中可以了解以下内容：

1）系统有5台低压开关柜，采用GGD2系列，电源引入为两个回路，有一个为备用电源，系统送出6个回路，另有备用回路两个，无功补偿回路一个，总容量507.9kW，无功补偿容量160kvar。

2）进户电源两路，主电源采用两根聚氯乙烯绝缘钢带铠装聚氯乙烯护套电力电缆进户，这两根电缆型号为VV22（3×185+1×95），经断路器引至进线柜（AA1）中的隔离刀闸上闸口；备用电源用1根电缆进户，这根电缆型号为VV22（3×185+1×95），经断路器倒送引至AA1的傍路隔离刀闸上闸口。这3根电缆均为四芯铜芯电缆，相线为185mm²，零线为95mm²，由厂区配电所引来，380V/220V。

3）进线柜型号为GGD2-15-0108D，进线开关隔离刀开关型号为HSBX-1000/31，断路器型号为DWX15-1000/3，额定电流1000A，电流互感器型号为LMZ-0.66-800/5，即电流互感器一次进线电流为800A，二次电流5A。母线采用铝母线，型号LMY-100/10，L表示铝制，M表示母线，Y表示硬母线，100表示母线宽100mm，10表示母线厚10mm。

4）低压出线柜共3台，其中AA3型号为GGD2-38B-0502D，AA4型号为GGD2-39C-0513D，AA5型号为GGD2-38-0502D。

①低压柜AA3共两个出线回路，即WPM1和WPM2。WPM1为空调机房专用回路，容量156kW，其中隔离刀开关型号为HD13BX-600/31，额定电流600A；断路器型号为DWX15-400/3，额定电流400A；脱扣器整定电流300A；电流互感器3只，型号均为LMZ-0.66-300/5；引出线型号为VV22（3×150+2×70）铜芯塑电缆，即3根相线均为150mm²，N线和PE线均为70mm²。WPM2为系统动力干线回路，供一~六层动力用，容量113kW，其中隔离刀开关型号为HD13BX-600/31；断路器型号为DWX15-400/3，整定电流250A；互感器3只型号均为LMZ-0.66-300/5；引出线型号为VV22（3×120+2×70）铜芯塑电缆。

②低压柜AA4共4个出线回路，其中有一路备用。WPM3为水泵房专用回路，容量66.9kW，隔离刀开关型号为HD13BX-400/31；断路器型号为DWX10-200，额定电流200A；脱扣器整定电流140A；电流互感器一只，型号为LMZ-0.66-200/5；引出线型号为VV22（3×70+2×35）铜芯导缆。WLM2为消防中心专用回路，与WPW3共用一只刀开关；断路器型号为DWX10-100，整定电流60A；电流互感器一台，型号为LMZ-0.66-50/5；引出线型号为VV22（50×5）铜芯电缆。WPM4为电梯专用回路，容量18.5kW，与备用回路共用一只刀开关，型号为HD13BX-400/31；断路器型号为DWX10-100，整定电流60A；电流互感器一只，型号为LMZ-0.66-100/5；出线型号为VV22（5×10）铜芯电缆。备用回路断路器型号为DWX10-200型，整定电流200A；电流互感器型号为LMZ-0.66-200/5型。

③低压柜AA5引出两个回路，有一路备用，WLM1为系统照明干线回路，与AA3引出回路基本相同，可自行分析。

5）低压配电室设置一台无功补偿柜，型号为GGJ2-01-0801D，编号AA2，容量160kvar。隔离刀开关型号为HD13BX-400/31，3只电流互感器，型号为LMZ-0.66-400/5。共有10个投切回路，每个回路熔断器3只，型号均为aM3-32，接触器型号为

CJ16-32；热继电器型号为 JR16-60/32 型，额定电流 60A，热元件额定电流 32A；电容器型号为 BCMJ0.4-16-3，B 表示不并联，C 表示电容器，MJ 表示金属化膜，0.4 表示耐压 0.4kV，容量 16kvar。刀开关下闸口设低压接闪器 3 只，型号为 FYS-0.22，是配电所用阀型接闪器，额定电压为 0.22kV。

实例 34：某办公大楼配电室平面布置图识读

图 3-41 为某办公大楼配电室平面布置图，从图中可以了解以下内容：

1) 配电室位于一层右上角⑦-⑧和Ⓗ-Ⓖ/J轴间，面积为 5450mm×5800mm。
2) 两路电源进户，其中有一备用电源 380V/220V，电缆埋地引入，进户位置Ⓗ轴距⑦轴 1200mm 并引入电缆沟内，进户后直接接于 AA1 柜总隔离刀开关上闸口。
3) 进户电缆型号为 VV（3×120+2×70），备用电缆型号为 VV（4×150+1×75），由厂区变电所引来。

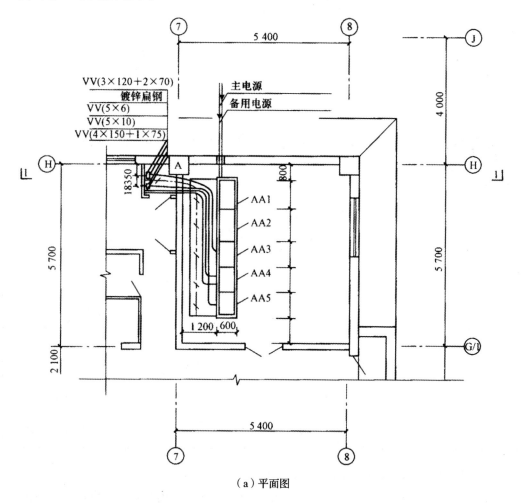

(a) 平面图

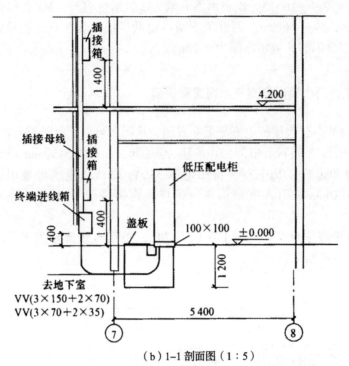

(b) 1—1 剖面图（1:5）

图 3—41　某办公大楼配电室平面布置图

4) 室内设柜 5 台，成列布置于电缆沟上，距Ⓗ轴为 800mm，距⑦轴为 1200mm。

5) 出线经电缆沟引至⑦轴与Ⓗ轴所成直角的电缆竖井内，通往地下室的电缆引出沟后埋地 -0.8m 引入。

6) 柜体型号及元器件规格型号见表 3—2。

表 3—2　设备规格符号

编号	名称	型号规格	单位	数量	备注
AA1	低压配电柜	GGD2—15	台	1	—
AA2	无功补偿柜	GGJ2—01	台	1	—
AA3、AA5	低压配电柜	GGD2—38	台	2	—
AA4	低压配电柜	GGD2—39	台	1	—
—	插接母线	CFW—3A—400A	—	—	92DQ5—133

7) 槽钢底座应采用 100mm×100mm 槽钢。

8) 接地线由⑦轴与Ⓗ轴交叉柱 A 引出到电缆沟内并引到竖井内，材料为 -40mm×4mm 镀锌扁钢。

实例35：某10kV变电所变压器柜二次回路接线图识读

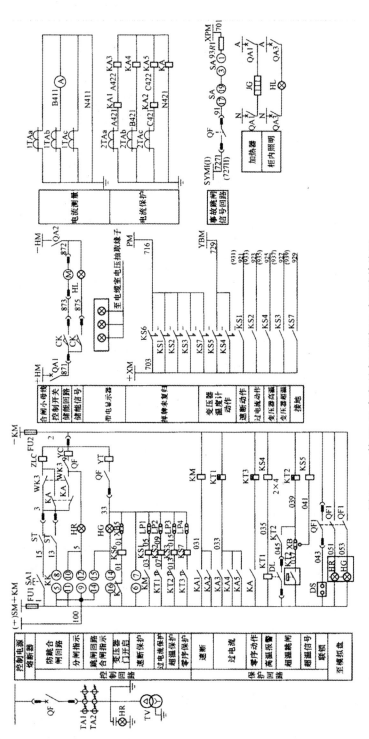

图3-42 某10kV变电所变压器柜二次回路接线图

表 3-3　变压器柜二次回路主要设备元件清单

序号	代号	名称	型号及规格	数量
1	A	电流表	42L6-A	1
2	KA1、KA2	电流继电器	DL-11/100	2
3	KA3、KA4、KA5	电流继电器	DL-11/10	3
4	KM	中间继电器	DZ-15/220V	1
5	KT2	时间继电器	DS-25/220V	1
6	KT1	时间继电器	DS-115/220V	1
7	KS4、KS5	信号继电器	DX-31B/220V	2
8	KS1、KS2、KS3、KS6、KS7	信号继电器	DX-31B/220V	5
9	LP1、LP2、LP3、LP4、LP5	连接片	YY1-D	5
10	QP	切换片	YY1-S	1
11	SA1	控制按钮	LA18-22 黄色	1
12	ST1、ST2	行程开关	SK-11	2
13	SA	控制开关	LW2-Z-1A、4.6A、40、20/F8 型	1
14	HG、HR	信号灯	XD5 220V 红绿色各 1	2
15	HL	信号灯	XD5 220V 黄色	1
16	JG	加热器	—	1
17	FU1、FU2	熔断器	GF1-16/6A	2
18	R1	电阻	ZG11-50Ω	1
19	H	荧光灯	YD12-1　220V	1
20	GSN	带电显示器	ZS1-10/T1	1
21	KA	电流继电器	DD-11/6	1
22	KT3	时间继电器	BS-72D　220V	1

图 3-42 为某 10kV 变电所变压器柜二次回路接线图，表 3-3 为变压器柜二次回路主要设备元件清单，从图中可以了解以下内容：

1）该图一次侧为变压器配电柜系统图，二次侧回路有控制回路、保护回路、电流测量及信号回路等。

2）控制回路中，防跳合闸回路通过中间继电器 KM 及 WK3 实现互锁。为防止变压器开启对人身造成的伤害，控制回路中设有变压器门开启联动装置，并将信号通过继电器线圈 KS6 送至信号屏。

3）当电流过大时，继电器 KA3、KA4 及 KA5 动作，使时间继电器 KT1 通电，其触点延时闭合使真空断路器跳闸，同时信号继电器 KS2 响，信号屏显示动作信号；速断保护通过继电器 KA1、KA2 动作，使 KM 有电，迅速断开供电回路，并通过信号继电器 KS1 向信号屏反馈信号。

4）当变压器高温时，WJ1 闭合，继电器 KS4 动作，高温报警信号反馈到信号屏，当变压器超温时，WJ2 闭合，继电器 KS5 动作，超温报警信号反馈至信号屏，同时 KT2 动作，实现超温跳闸。

5）测量回路通过电流互感器 TA1 来采集电流信号，接至柜面上电流表。

6）信号回路采集各控制回路及保护回路信号，并反馈至信号屏，其反馈的信号主要包括掉牌未复位、速断动作、过电流动作、变压器超温报警及超漏跳闸等信号。

实例36：某教学大楼1~6层动力系统图识读

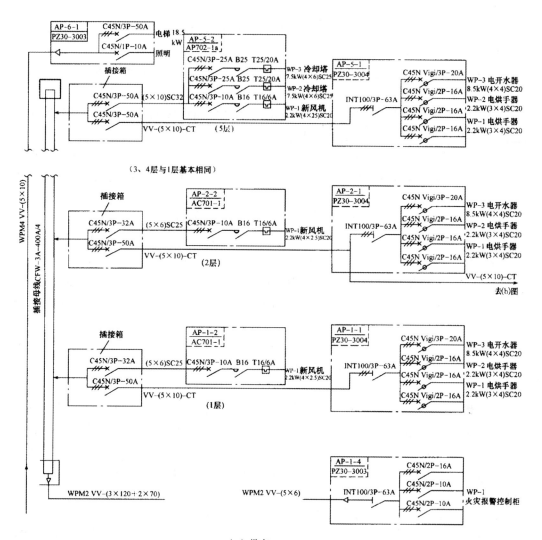

（a）带有AP-2-1

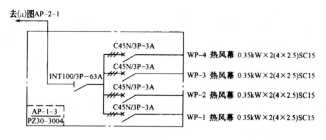

（b）去除AP-2-1

图3-43 某教学大楼1~6层动力系统图

图 3-43 为某教学大楼 1~6 层动力系统图,从图中可以了解以下内容:

1) 电梯动力由低压配电室 AA4 的 WPM4 回路用电缆经竖井引至 6 层电梯机房,接至 AP-6-1 箱上,箱型号为 PZ30-3003,电缆型号为 VV-(5×10)铜芯塑缆。

2) AP-6-1 箱输出两个回路,电梯动力为 18.5kW,主开关为 C45N/3P(50A)低压断路器,照明回路主开关为 C45N/1P(10A)。

3) 动力母线是用安装在电气竖井内的插接母线完成的,母线型号为 CFW-3A-400A/4,额定容量为为 400A,三相加一根保护线。

4) 动力母线的电源是用电缆从低压配电室 AA3 的 WPM2 回路引入的,其电缆型号为 VV-(3×120+2×70)铜芯塑电缆。

5) 各层的动力电源是经插接箱取得的,插接箱与母线成套供应,箱内设两只 C45N/3P(32A)、(50A)低压断路器,括号内数值为电流整定值,将电源分为两路。

6) 1 层电源分为两路。其中,一路是用电缆桥架(CT)将电缆 VV-(5×10)-CT 铜芯电缆引至 AP-1-1 配电箱,型号为 PZ30-3004。另一路是用 5 根每根为 6mm。导线穿管径 25mm 的钢管将铜芯导线引至 AP-1-2 配电箱,型号为 AC701-1。

7) AP-1-2 配电箱内有 C45N/3P(10A)的低压断路器,其整定电流为 10A,B16 交流接触器,额定电流为 16A,T16/6A 热继电器,额定电流为 16A,热元件额定电流为 6A。

8) 总开关为隔离刀开关,型号为 INT100/3P(63A)。

9) AP-1-2 配电箱为一路 WP-1,新风机为 2.2kW,用铜芯塑线(4×2.5)-SC20 连接。

10) AP-1-1 配电箱分为四路,其中有一备用回路。第一分路 WP-1 为电烘手器 2.2kW,用铜芯塑线(3×4)-SC20 引出到电烘手器上,开关为 C45N Vigi/2P(16A),有漏电报警功能(Vigi);第二分路 WP-2 为电烘手器,同上;第三分路为电开水器 8.5kW,用铜芯塑线(4×4)-SC20 连接,开关为 C45N Vigi/3P(20A),有漏电报警功能。

11) 2~5 层与 1 层基本相同,但 AP-2-1 箱增设了一个回路,这个回路是为一层设置的,编号为 AP-1-3,型号为 PZ30-3004,四路热风幕功率为 0.35kW×2,铜线穿管(4×2.5)-SC15 连接。

12) 5 层与 1 层稍有不同,其中 AP-5-1 与 1 层相同,而 AP-5-2 增加了两个回路,两个冷却塔功率为 7.5kW,用铜塑线(4×6)-SC25 连接,主开关为 CA5N/3P(25A)低压断路器,用接触器 B25 直接启动,热继电器 T25/20A 作为过载及断相保护。

13) 5 层增加回路后,插接箱的容量也作相应调整,两路均为 C45N/3P(50A),连接线变为(5×10)-SC32。

14) 1 层从低压配电室 AA4 的 WLM2 引入消防中心火灾报警控制柜一路电源,编号为 AP-1-4,箱型号为 PZ30-3003,总开关为 INT100/3P(63A)刀开关,分 3 路,型号都为 C45N/ZP(16A)。

实例37：某综合大楼照明系统图识读

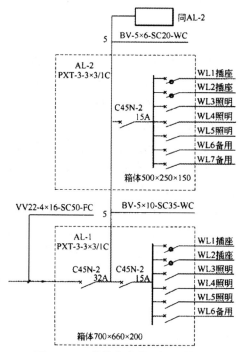

图3-44 某综合大楼照明系统图

图3-44为某综合大楼照明系统图，从图中可以了解以下内容：

1）大楼使用全塑铜芯铠装电缆，规格为4芯、截面积为$16mm^2$，穿直径为50mm焊接钢管，沿地下暗敷设进入建筑物的首层配电箱。

2）三个楼层的配电箱都为PXT型通用配电箱，1层AL-1箱尺寸为700mm×660mm×200mm，配电箱内装一只总开关，使用C45N-2型单极组合断路器，容量为32A。

3）总开关后接本层开关，使用C45N-2型单极组合断路器，容量为15A。

4）本层开关后共有6个输出回路，分别为WL1～WL6；WL1、WL2为插座支路，开关使用C45N-2型单极组合断路器；WL3、WL4及WL5为照明支路，使用C45N-2型单极组合断路器；WL6为备用支路。

5）1层到2层的线路使用5根截面积为$10mm^2$的BV型塑料绝缘铜导线连接，穿直径35mm焊接钢管，沿墙内暗敷设。

6）2层配电箱AL-2与3层配电箱AL-3相同，都为PXT型通用配电箱，尺寸为500mm×250mm×150mm。

7）配电箱内主开关为C45N-2型15A单极组合断路器，在开关前分出一条线路接往三楼。

8）配电箱内主开关后为7条输出回路：WL1、WL2为插座支路，使用带漏电保护断路器；WL3、WL4、WL5为照明支路；WL6、WL7两条为备用支路。

9）从2层到3层用5根截面积为$6mm^2$的塑料绝缘铜线进行连接，穿直径为20mm焊接钢管，沿墙内暗敷设。

实例38：某幼儿园1层照明平面图识读

图3-45为某幼儿园1层照明平面图，从图中可以了解以下内容：

1) 图中有一个照明配电箱AL1，由配电箱AL1引出WL1～WL11路配电线。

2) WL1照明支路，共有4盏双眼应急灯和3盏疏散指示灯。4盏双眼应急灯分别位于：1盏位于轴线Ⓑ的下方，连接到③轴线右侧传达室附近；另外3盏位于轴线Ⓔ的下方，分别连接到③轴线左侧传达室附近、⑦轴线左侧消毒室附近、⑪轴线右侧厨房附近。3盏疏散指示灯分别位于：2盏位于轴线Ⓐ的上方，连接到③～⑤轴线之间的门厅；1盏位于轴线Ⓓ～Ⓔ之间，连接到⑫轴线右侧的楼道附近。

3) WL2照明支路，共有2盏防水吸顶灯、2盏吸顶灯、12盏双管荧光灯、2个排风扇、3个暗装三极开关、1个暗装两极开关、1个暗装单极开关。轴线Ⓒ～Ⓓ之间，连接到⑤～⑦轴线之间的卫生间里安装2盏防水吸顶灯、1个排风扇和1个暗装三极开关；连接到⑦～⑧轴线之间的衣帽间里安装1盏吸顶灯和1个暗装单极开关，连接到⑧～⑨轴线之间的饮水间里安装1盏吸顶灯、1个排风扇和1个暗装两极开关，轴线Ⓐ～Ⓒ之间，连接到⑤～⑦轴线之间的寝室里安装6盏双管荧光灯和1个暗装三极开关；连接到⑦～⑨轴线之间的活动室里安装6盏双管荧光灯和1个暗装三极开关。

4) WL3照明支路，共有2盏防水吸顶灯、2盏吸顶灯、12盏双管荧光灯、2个排风扇、3个暗装三极开关、2个暗装两极开关、1个暗装单极开关。轴线Ⓒ～Ⓓ之间，连接到⑨～⑩轴线之间的饮水间里安装1盏吸顶灯、1个排风扇和1个暗装两极开关；连接到⑩～⑪轴线之间的衣帽间里安装1盏吸顶灯和1个暗装单极开关；连接到⑪～⑫轴线之间的卫生间里安装2盏防水吸顶灯、1个排风扇和1个暗装三极开关。轴线Ⓐ～Ⓒ之间，连接到⑨～⑪轴线之间的活动室里安装6盏双管荧光灯和1个暗装三极开关；连接到⑪～⑫轴线之间的寝室里安装6盏双管荧光灯和1个暗装三极开关。

5) WL4照明支路，共有1盏防水吸顶灯、11盏吸顶灯、1盏双管荧光灯、4盏单管荧光灯、4个排风扇、5个暗装两极开关和11个暗装单级开关。轴线Ⓒ下方，连接到①～②轴线之间的卫生间里安装1盏吸顶灯、1个排风扇和1个暗装两极开关；轴线Ⓗ～Ⓖ之间，连接到②～③轴线之间的卫生间里安装1盏吸顶灯、1个排风扇和1个暗装两极开关；连接到③～④轴线之间的卫生间里安装1盏吸顶灯、1个排风扇和1个暗装两极开关；连接到⑤～⑥轴线之间的淋浴室里安装1盏防水吸顶灯和1个排风扇；连接到⑥～⑦轴线之间的洗衣间里安装1盏双管荧光灯；轴线Ⓔ～Ⓗ之间，连接到②轴线左侧位置安装1个暗装两极开关，连接到③轴线位置安装1盏吸顶灯；连接到⑥～⑦轴线之间的消毒间里安装1盏单管荧光灯和2个暗装单极开关（其中1个暗装单级开关是控制洗衣间1盏双管荧光灯的）；连接到⑤～⑥轴线之间的更衣室里安装1盏单管荧光灯、1个暗装单极开关和1个暗装两极开关（其中1个暗装两极开关是用来控制淋浴室的防水吸顶灯和排风扇的）；连接到④～⑤轴线之间的位置安装1盏吸顶灯和1个暗装单极开关；轴线Ⓗ下方，连接到②～③轴线之间的洗手间里安装1盏吸顶灯和1个暗装

3 电气工程识图实例

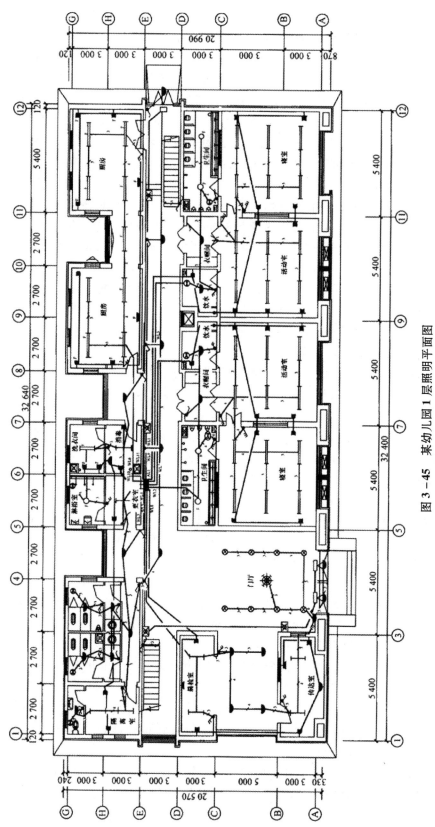

图3-45 某幼儿园1层照明平面图

· 131 ·

单极开关；连接到③~④轴线之间的洗手间里安装1盏吸顶灯和1个暗装单极开关，轴线Ⓔ上方，连接到④轴线左侧位置安装1个暗装单极开关；轴线Ⓔ~Ⓗ之间和Ⓗ上方，连接到①~②轴线之间的中间位置各安装1个单管荧光灯；轴线Ⓔ的下方，连接到④轴线位置安装1个暗装单极开关，连接到④~⑤轴线之间的中间位置安装1个暗装单级开关，连接到⑩~⑪轴线之间的中间位置安装1个暗装单级开关，连接到⑫轴线的位置安装1个暗装单级开关；轴线Ⓓ~Ⓔ之间，连接到④~⑤轴线之间的中间位置安装1盏吸顶灯，连接到⑥~⑦轴线之间的中间位置安装1盏吸顶灯，连接到⑩~⑪轴线之间的中间位置安装1盏吸顶灯，连接到⑫轴线右侧的位置安装1盏吸顶灯。

6) WL5照明支路，共有6盏吸顶灯、4盏单管荧光灯、8盏筒灯、1盏水晶吊灯、1个暗装三极开关、3个暗装两极开关和1个暗装单极开关。轴线Ⓒ~Ⓓ之间，连接到①~③轴线之间的晨检室里安装2盏单管荧光灯和1个暗装两极开关；轴线Ⓑ~Ⓒ之间，连接到①~③轴线之间的位置安装4盏吸顶灯和1个暗装两级开关；轴线Ⓐ~Ⓑ之间，连接到①~③轴线之间的传达室里安装2盏单管荧光灯和1个暗装两极开关；轴线Ⓐ~Ⓒ之间，连接到③~⑤轴线之间的门厅里安装8盏筒灯、1盏水晶吊灯、1个暗装三极开关和1个暗装单级开关；轴线Ⓐ下方，连接到③~⑤轴线之间的位置安装2盏吸顶灯。

7) WL6照明支路，共有9盏防水双管荧光灯、2个暗装两极开关。轴线Ⓔ~Ⓖ之间，连接到⑧~⑫轴线之间的厨房里安装9盏防水双管荧光灯和2个暗装两极开关。

8) WL7插座支路，共有10个单相二、三孔插座。轴线Ⓐ~Ⓒ之间，连接到⑤~⑦轴线之间的寝室里安装4个单相二、三孔插座，连接到⑦~⑨轴线之间的活动室里安装5个单相二、三孔插座；轴线Ⓒ~Ⓓ之间，连接到⑧轴线右侧的饮水间里安装1个单相二、三孔插座。

9) WL8插座支路，共有7个单相二、三孔插座。轴线Ⓒ~Ⓓ之间，连接到①~③轴线之间的晨检室里安装3个单相二、三孔插座；轴线Ⓐ~Ⓑ之间，连接到①~③轴线之间的传达室里安装4个单相二、三孔插座。

10) WL9插座支路，共有10个单相二、三孔插座。轴线Ⓒ~Ⓓ之间，连接到⑨~⑩轴线之间的饮水间里安装1个单相二、三孔插座；轴线Ⓐ~Ⓒ之间，连接到⑨~⑪轴线之间的活动室里安装5个单相二、三孔插座；轴线Ⓐ~Ⓒ之间，连接到⑪~⑫轴线之间的寝室里安装4个单相二、三孔插座。

11) WL10插座支路，共有5个单相二、三孔插座，2个单相二、三孔防水插座。轴线Ⓔ~Ⓗ之间，连接到①~②轴线之间的隔离室里安装2个单相二、三孔插座，连接到⑤轴线右侧更衣室里安装1个单相二、三孔插座，连接到⑥~⑦轴线之间的消毒室里安装2个单相二、三孔插座；轴线Ⓗ~Ⓖ之间，连接到⑥~⑦轴线之间的洗衣间里安装2个单相二、三孔防水插座。

12) WL11插座支路，共有8个单相二、三孔防水插座。轴线Ⓔ~Ⓖ之间，连接到⑧~⑫轴线之间的厨房里安装8个单相二、三孔防水插座。

3 电气工程识图实例

实例39：某小型锅炉房电气系统图识读

图3-46为某小型锅炉房电气系统图，从图中可以了解以下内容：

1) 系统共分8个回路。其中PG1是一小动力配电箱AP-4供电回路，PG2是食堂照明配电箱AL-1供电回路，PG3、PG4是两台小型锅炉的电控柜AP-3、AP-2供电回路，PG5为锅炉房照明回路，PG6、PG7为两台循环泵的启动电路，另外一回路为备用。

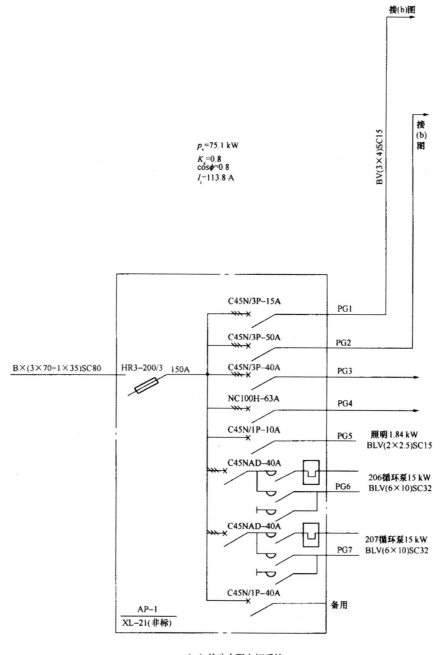

(a) 总动力配电柜系统

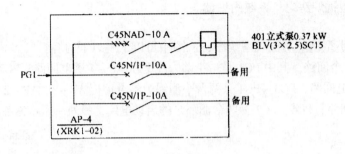

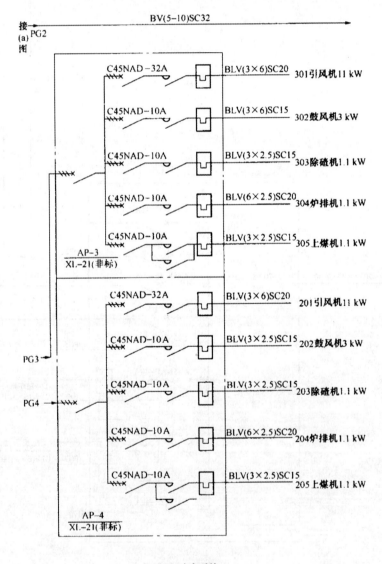

(b) 动力系统

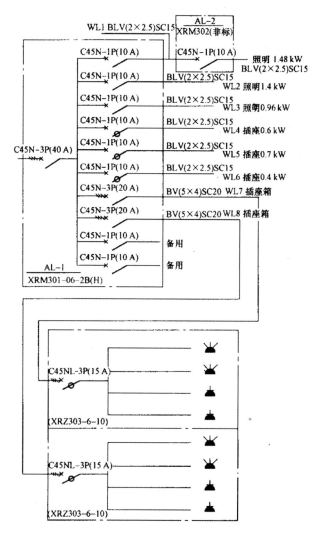

（c）照明系统

图 3-46 某小型锅炉房电气系统图

2）AP-4 动力配电箱分三路：两路备用，一路为立式泵的启动电路，因容量很小，直接启动。低压断路器 C45NAD/10 带有短路保护，热继电器保护过载，接触器控制启动。

3）AL-1 照明配电箱有三个作用：
①作为食堂照明及单相插座的电源。
②作为食堂三相动力插座的电源，并由此分出两个插座箱。
③作为浴室照明的电源，并由此分出一小照明配电箱 AL-2。

4）AP-2、AP-3 两台锅炉控制柜回路相同，因容量较小，均采用接触器直接启动，低压断路器 C45NAD 保护短路，热继电器保护过载。

5）两台 15kW 循环泵均采用了 丫-△ 启动，减小了启动冲击电流。

实例40：某小型锅炉房动力平面图识读

图3-47为某小型锅炉房动力平面图，从图中可以了解以下内容：

1）AP-1、AP-2、AP-3三台柜设在控制室内，落地安装，电源BX（3×70+1×35）穿直径80mm的钢管，埋地经锅炉房由室外引来，引入AP-1。同时，在引入点处⑬轴设置了接线盒，如图（b）所示。

2）两台循环泵、每台锅炉的引风机、鼓风机、除渣机、炉排机、上煤机5台电动机的负荷管线均由控制室的AP-1埋地引出至电动机接线盒处，导线规格、根数、管径见图中标注。其中有三根管线在⑫轴设置了接线盒，如图（b）所示。

3）循环泵房、锅炉房引风机室设按钮箱各一个，分别控制循环泵及引风机、鼓风机，标高1.2m，墙上明装。其控制管线也由AP-1埋地引出，控制线为1.5mm²塑料绝缘铜线，穿管直径15mm。按钮箱的箱门布置，如图（c）所示。

4）AP-4动力箱暗装于立式小锅炉房的墙上，距地1.4m，电源管由AP-1埋地引入。立式0.37kW泵的负荷管由AP-4箱埋地引至电动机接线盒处。

5）AL-1照明箱暗装于食堂Ⓔ轴的墙上，距地1.4m，电源BV（5×10）穿直径32mm钢管埋地经浴室由AP-1引来，并且在图中标出了各种插座的安装位置，均为暗装，除注明标高外，均为0.3m标高，管路全部埋地上翻至元件处，导线标注如图3-46所示。

6）接地极采用φ25mm×2500mm镀锌圆钢，接地母线采用40mm×4mm镀锌扁钢，埋设于锅炉房前侧并经⑫轴埋地引入控制室于柜体上。

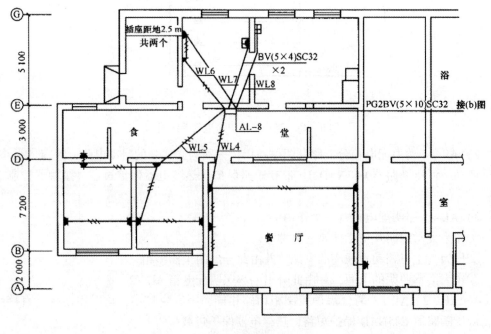

(a) 生活区动力

3 电气工程识图实例

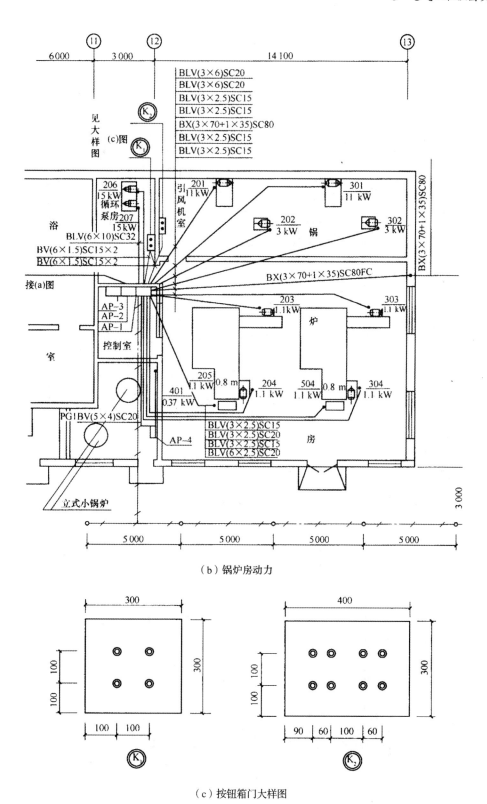

(b) 锅炉房动力

(c) 按钮箱门大样图

图 3-47 某小型锅炉房动力平面图

实例41：某小型锅炉房照明平面图识读

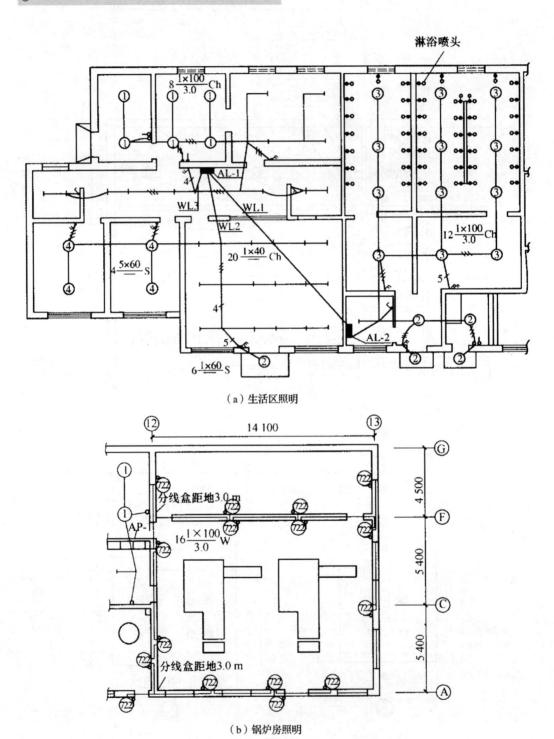

(a) 生活区照明

(b) 锅炉房照明

图3-48 某小型锅炉房照明平面图

图 3-48 为某小型锅炉房照明平面图,从图中可以了解以下内容:

1)锅炉房采用弯灯照明,管路由 AP-1 埋地引至⑫轴 3m 标高处沿墙暗设,灯头单独由拉线电门控制。该回路还包括循环泵房、控制室及小型锅炉室的照明。

2)食堂的照明均由 AL-1 引出,共分三路,其中一路 WL1 是浴室照明箱 AL-2 的电源。浴室采用防水灯。

实例 42:某 2 层加油站照明施工图识读

图 3-49~图 3-51 为某 2 层加油站照明施工图,从图中可以了解以下内容:

1)本工程用电负荷等级为三级,电源由室外配电室电缆直埋引入,室外埋深为 -0.800m,电压等级为 380/220V,接地采用 TN-C-S 系统电源进户后做重复接地,PE 线与 N 线在重复接地处严格分开,接地电阻不大于 10Ω。

2)进户线选用 VV22-1000V 铜芯电缆进户处穿钢管保护,分路开关后选用 BV 塑料线穿钢管埋地或沿墙暗设,室内布线选用 BV2×2.5(4)mm² 的导线穿 PVC 管沿墙、埋地或顶板暗设,除注明外均为 BV2×2.5PVC20。

3)本工程采用 TN-C-S 接地系统,所有非用与导电的设备金属外壳均应与 PE 线可靠连接。

4)图 3-49、图 3-50 为 1 层、2 层照明平面图。从照明平面图上可以读到进户线、分支回路、各房间灯具及插座供电以及灯泡(管)的开启和关闭等。

5)图 3-51 为 1、2 层照明系统图。从系统图可读到电表、一系列开关、熔断器等装置。

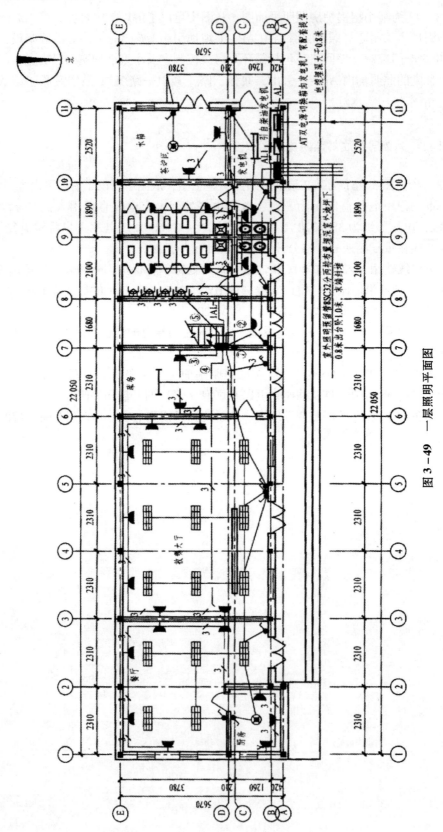

图 3-49 一层照明平面图

3 电气工程识图实例

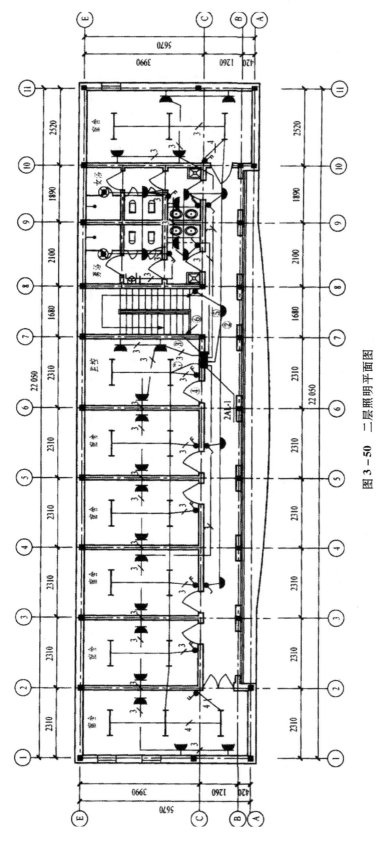

图3-50 二层照明平面图

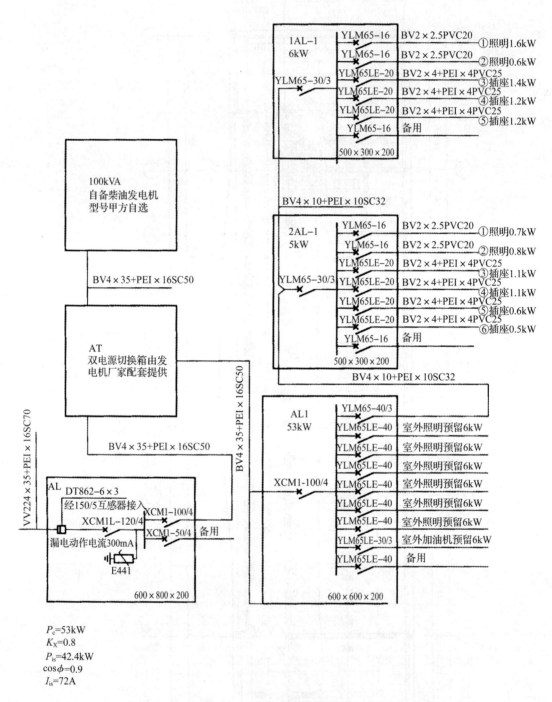

图3-51 1、2层照明系统图

3 电气工程识图实例

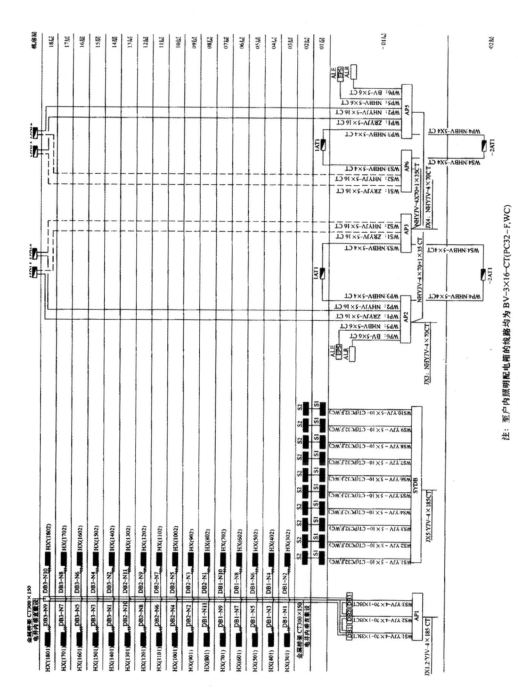

注：至户内照明配电箱的线路均为 BV-3×16-CT(PC32-F,WC)

图 3-52 某住宅单元低压配电干线图

实例43：某住宅单元低压配电干线图识读

图 3-52 为某住宅单元低压配电干线图，从图中可以了解以下内容：

1) 本工程用电由地下车库变配电室引入，共引入五路独立进线（JX1～JX5）。在这五路进线中，进线 JX1、JX2 分别提供单元公共负荷主用电及公共负荷备用电，其进线型号为：YJV-4×185CT，表示 4 根横截面面积为 185mm^2 的铜芯交联聚乙烯绝缘聚氯乙烯护套电缆，CT 表示桥架敷设；进线 JX5 提供第一层和第二层的商业用电，型号与进线 JX1、JX2 相同；进线 JX3、JX4 提供备用电源和消防用电，其进线型号为：NHYJV-4×70CT，表示 4 根横截面面积为 70mm^2 的耐火铜芯交联聚乙烯绝缘聚氯乙烯护套电缆，由于这两路进线的负荷较小，所以电缆横截面面积小。

2) 本工程电源电压为 220/380V 低压配电系统，三相四线制；低压供电系统采用放射式与树干式相结合的供电方式；消防负荷采用双回路专用回路供电，在最末一级配电箱处（第 19 层）设双电源切换，自投方式采用双电源自投延时自复。

3) 电源进线沿地下车库电力桥架引入，沿桥架敷设至配电柜，出配电柜（电表箱）后沿桥架敷设至电井，电井内沿桥架垂直敷设，出桥架穿管沿墙、地面暗敷设至对应配电箱。

4) 本工程低压配电系统的接地形式采用 TN-C-S 系统，电源在进户处做重复接地，此后 PE 线与 N 线应严格分开，所有电气设备正常情况下不带电的金属部分（包括用电设备金属外壳、金属穿线管、电缆金属外皮及单相三极插座等）均应与 PE 线可靠连接。

实例44：某居民住宅楼标准电气层照明平面布置图识读

图 3-53 为某居民住宅楼标准电气层照明平面布置图，从图中可以了解以下内容：
以图中①～④轴号为例说明。

1) 根据设计说明中的要求，图中所有管线均采用焊接钢管或 PVC 阻燃塑料管沿墙或楼板内敷设，管径为 15mm，采用塑料绝缘铜线，截面积为 2.5mm^2，管内导线根数按图中标注，在黑线（表示管线）上没有标注的均为两根导线，凡用斜线标注的应按斜线标注的根数计。

2) 电源是从楼梯间的照明配电箱 E 引入的，分为左、右两户，共引出 WL1～WL6 六条支路。为避免重复，可从左户的三条支路看起。其中 WL1 是照明支路，共带有 8 盏灯，分别画有①、②、③及⊗的符号，表示四种不同的灯具。每种灯具旁均有标注，分别标出灯具的功率、安装方式等信息。以阳台灯为例，标注为 $6\frac{1\times40}{-}S$，表示此灯为平灯口，吸顶安装，每盏灯泡的功率为 40W，吸顶安装，这里的"6"表明共有这种灯 6 盏，分别安装于四个阳台，以及储藏室和楼梯间。

3) 标为①的灯具安装在卫生间，标注为 $3\frac{1\times40}{-}S$，表明共有这种灯 3 盏，玻璃灯罩，吸顶安装，每盏灯泡的功率为 40W。

4) 标为②的灯具安装在厨房，标注为 $2\frac{1\times40}{-}S$，表明共有这种灯 2 盏，吸顶安装，

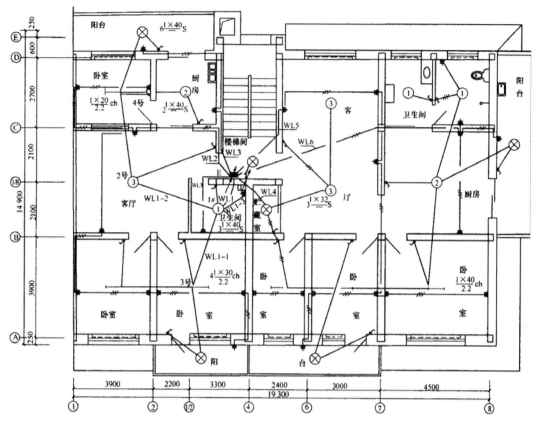

图 3-53 某居民住宅楼标准电气层照明平面布置图

每盏灯泡的功率为 40W。

5) 标为③的灯具为环形荧光灯,安装在客厅,标注为 $3\dfrac{1\times32}{-}S$,表明共有这种灯 3 盏,吸顶安装,每盏灯泡的功率为 32W。

6) 卧室照明的灯具均为单管荧光灯,链吊安装(ch),灯距地的高度为 2.2m,每盏灯的功率各不相同,有 20W、30W、40W 3 种,共 6 盏。

7) 灯的开关均为单联单控翘板开关。

8) WL2、WL3 支路为插座支路,共有 13 个两用插座,通常安装高度为距地 0.3m,若是空调插座则距地 1.8m。

9) 图中标有 1 号、2 号、3 号、4 号处,应注意安装分线盒。图中楼道配电盘 E 旁有立管,里面的电线来自总盘,并送往上面各楼层及为楼梯间各灯送电。WL4、WL5、WL6 是送往右户的三条支路,其中 WL4 是照明支路。

10) 需要注意的是,标注在同一张图样上的管线,凡是照明及其开关的管线均是由照明箱引出后上翻至该层顶板上敷设安装,并由顶板再引下至开关上;而插座的管线均是由照明箱引出后下翻至该层地板上敷设安装,并由地板上翻引至插座上,只有从照明回路引出的插座才从顶板上引下至插座处。

11) 需要说明的是,按照要求,照明和插座平面图应分别绘制,不允许放在一张图样上,真正绘制时需要分开。

实例45：某办公楼1~7层动力配电系统图识读

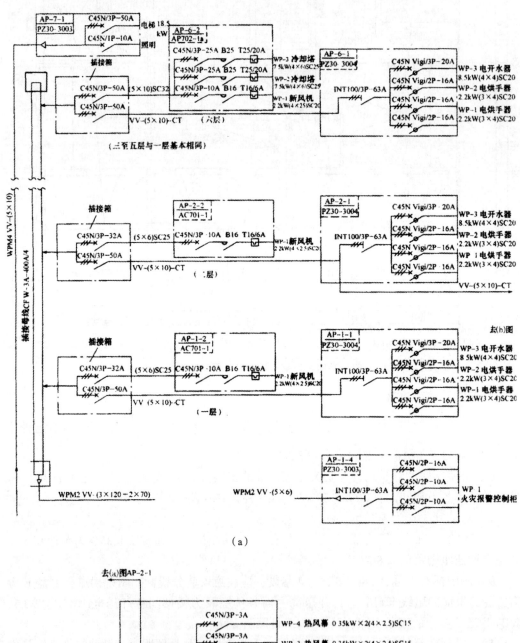

图3-54 某办公楼1~7层动力配电系统图

图 3-54 为某办公楼 1~7 层动力配电系统图，从图中可以了解以下内容：

1）该图是 1 至 7 层的动力配电系统图，设备包括电梯和各层动力装置，其中电梯动力较简单，由低压配电室 AA4 的 WPM4 回路用电缆经竖井引至七层电梯机房，接至 AP-7-1 号箱上，箱型号为 PZ30-3003，电缆型号为 VV-（5×10）铜芯塑缆。该箱输出两个回路，电梯动力为 18.5kW，主开关为 C45N/3P-50A 低压断路器，照明回路主开关为 C45N/1P-10A。

2）动力母线是用安装在电气竖井内的插接母线完成的，母线型号为 CFW-3A-400A/4，额定容量 400A，三相加一根保护线。母线的电源是用电缆从低压配电室 AA3 的 WPM2 回路引入的，电缆型号为 VV-（3×120+2×70）铜芯塑电缆。

3）各层的动力电源是经插接箱取得的，插接箱与母线成套供应，箱内设两只 C45N/3P-32A、45N/3P-50A 低压断路器，括号内数值为电流整定值，将电源分为两路。

4）以 1 层为例，电源分为两路，其中一路是用电缆桥架（CT）将电缆 VV-（5×10）铜芯电缆引至 AP-1-1 号配电箱，型号为 PZ30-3004；另一路是用 5 根 $6mm^2$ 导线穿管径 25mm 的钢管将铜芯导线引至 AP-1-2 号配电箱，型号为 AC701-1。

AP-1-2 号配电箱分为四路，其中有一备用回路，箱内有 C45N/3P-10A 的低压断路器，整定电流为 10A、B16 交流接触器，额定电流为 16A，以及 T16/6A 热继电器，额定电流为 16A，热元件额定电流为 6A。总开关为隔离刀开关，型号 INT100/3P-63A，第一分路 WP-1 为新风机 2.2kW，用铜芯塑线（3×4）SC20 引到电烘手器上，开关采用 C45N Vigi/2P-16A，有漏电报警功能；第二分路 WP-2 也为电烘手器，同上；第二、三分路为电开水器 8.5kW，用铜芯塑线（4×4）SC20 连接，采用 C45N Vigi/3P-20A，有漏电报警功能。

AP-2-2 号配电箱为一路 WP-1，新风机 2.2kW，用铜芯塑线（4×2.5）SC20 连接。

二至六层与一层基本相同，但 AP-2-1 号箱增了一个回路，这个回路是为一层设置的，编号 AP-1-3，型号为 PZ30-3004，如图（b）所示，四路热风幕，功率为 0.35kW×2，铜线穿管（4×2.5）SC15 连接。

5）六层与一层略有不同，其中 AP-6-1 号与一层相同，而 AP-6-2 号增加了两个回路，即两个冷却塔 7.5kW，用铜塑线（4×6）SC25 连接，主开关为 C45N/3P-25A 低压断路器，接触器 B25 直接启动，热继电器 T25/20A 作为过载及断相保护。增加回路后，插接箱的容量也作了调整，两路均为 C45N/3P-50A，连接线变为（5×10）SC32。

6）一层除了上述回路外，还从低压配电室 AA4 的 WLM2 引入消防中心火灾报警控制柜一路电源，编号 AP-1-4，箱型号为 PZ30-3003，总开关为 INT100/3P（63A）刀开关，分 3 路，型号均为 C45N/2P（16A）。

实例46：某办公楼1~7层照明配电系统图识读

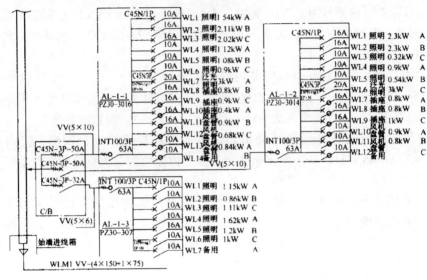

(a) 一层照明配电系统示意图

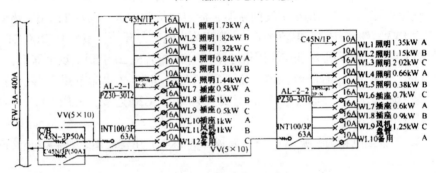

(b) 二至五层照明配电系统示意图

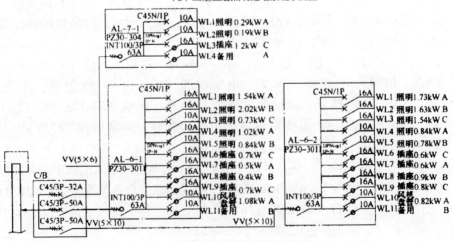

(c) 六层照明配电系统示意图

图3-55 某办公楼1~7层照明配电系统图

图 3-55 为某办公楼 1~7 层照明配电系统图，从图中可以了解以下内容：

1）一层照明电源是经插接箱从插接母线取得的，插接箱共分 3 路，其中 AL-1-1 号和 AL-1-2 号是供一层照明回路的，而 AL-1-3 号是供地下一层和地下二层照明回路的。

插接箱内的 3 路均采用 C45N/3P-50A 低压断路器作为总开关，三相供电引入配电箱，配电箱均为 PZ30-30□，方框内数字为回路数，用 INT100/3P-63A 隔离刀开关为分路总开关。

配电箱照明支路采用单极低压断路器，型号为 C45N/1P-10A，泛光照明采用三极低压断路器，型号为 C45N/3P-20A，插座及风机盘管支路采用双极报警开关，型号为 DPNVigi/1P+N-$\frac{10}{16}$A，备有回路也采用 DPNVigi/1P+N-10 型低压断路器。

因为三相供电，所以各支路均标出电源的相序，从插接箱到配电箱均采用 VV（5×10）五芯铜塑电缆沿桥架敷设。

2）二至五层照明配电系统与一层基本相同，但每层只有两个回路。

3）六层照明系统与一层相同，插接箱引出 3 个回路，其中 AL-7-1 为七层照明回路。

3.3 建筑物防雷接地工程图识读实例

实例 47：某住宅楼屋面防雷平面图识读

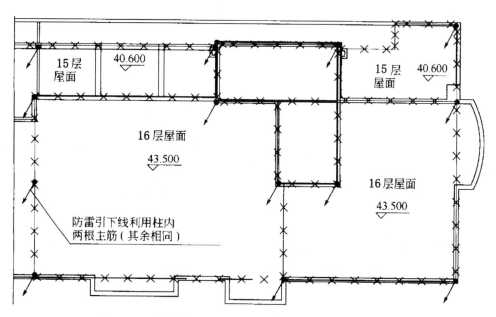

图 3-56 某住宅楼屋面防雷平面图的一部分（单位：m）

图 3-56 为某住宅楼屋面防雷平面图的一部分,从图中可以了解以下内容:

1) 在不同标高的女儿墙及电梯机房的屋檐等易受雷击部位,均设置了避雷带。
2) 利用柱内两根主筋作为防雷引下线。

实例 48：某大楼屋面防雷电气工程图识读

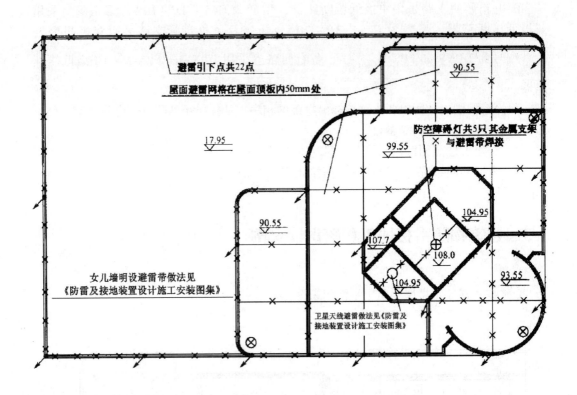

图 3-57 某大楼屋面防雷电气工程图（单位：m）

图 3-57 为某大楼屋面防雷电气工程图,从图中可以了解以下内容:

1) 图中不同的标高说明不同的屋面有高差存在。
2) 图中避雷带上的交叉符号表示的是避雷带与女儿墙间的安装支柱位置。
3) 大楼避雷引下线共有 22 条,图中一般以带方向为斜下方的箭头及实圆点来表示。
4) 屋面避雷网格在屋面顶板内 50mm 处安装。
5) 屋面上有 5 个航空障碍灯,其金属支架要与避雷带相焊连。

实例49：某商业大厦屋面防雷平面图识读

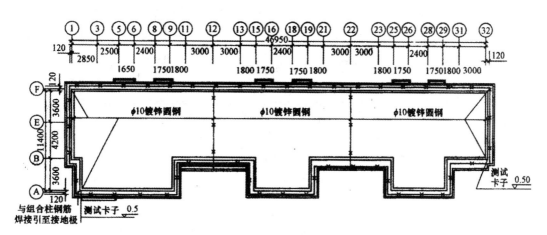

图 3-58 某商业大厦屋面防雷平面图

图 3-58 为某商业大厦屋面防雷平面图，从图中可以了解以下内容：

1) 楼顶外沿处有一圈避雷网，在⑫轴线和㉒轴线处有两根避雷网线，将楼顶分为三个网格。

2) 避雷网使用直径 10mm 的镀锌圆钢，避雷网在四个楼角处与组合柱钢筋焊接在一起，整个避雷系统有四根引下线。

3) 图下部的两个楼角处标有测试卡子的字样，在这两根组合柱距室外地坪 0.50m 处，设测试卡子，以供检查接地装置接地电阻时使用。

实例50：建筑物防雷接地工程图识读

图 3-59 为住宅建筑防雷平面图和立面图，图 3-60 为住宅建筑的接地平面图，从图中可以了解以下内容：

1) 该住宅建筑避雷带沿屋面四周女儿墙敷设，支持卡子间距为 1m。

2) 在西面与东面墙上分别敷设两根引下线（25mm×4mm 扁钢），与埋于地下的接地体相连。

3) 引下线在距地面 1.8m 处设置引下线断接卡子。

4) 固定引下线支架间距 1.5m。

5) 接地体沿建筑物基础的四周埋设，埋设深度在地平面以下 1.65m，在 -0.68m 开始向外，距基础中心距离 0.65m。

6) 避雷带、引下线及接地装置均采用 25mm×4mm 的扁钢制成。

7) 避雷带由女儿墙上的避雷带与楼梯间屋面阁楼上的避雷带组成，女儿墙上的避雷带的长度为 (36.8 + 9.05) × 2 = 91.7m。

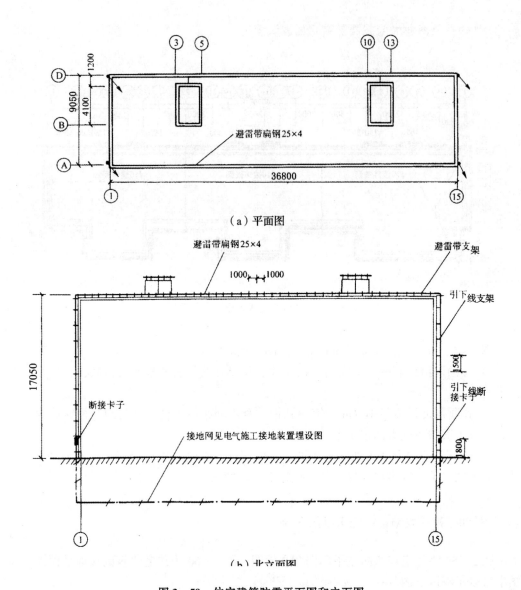

图 3-59 住宅建筑防雷平面图和立面图

8) 楼梯间阁楼屋面上的避雷带沿其顶面敷设一周,并用 25mm×4mm 的扁钢同屋面避雷带相连接。

9) 屋面上的避雷带的长度为 (4.1+2.6)×2=13.4m,共距两楼梯间阁楼为 13.4×2=26.8m。

10) 女儿墙的高度为 1m,阁楼上的避雷带要与女儿墙的避雷带连接,阁楼距女儿墙最近的距离为 1.2m。连接线长度为 1+1.2+2.8=5m,两条连接线共 10m。

11) 屋面上的避雷带总长度为 91.7+26.8+10=128.5m。

12) 引下线共 4 根,分别沿建筑物四周敷设,在地面以上 1.8m 处用断接卡子与接地装置连接,引下线的长度为 (17.05+1-1.8)×4=65m。

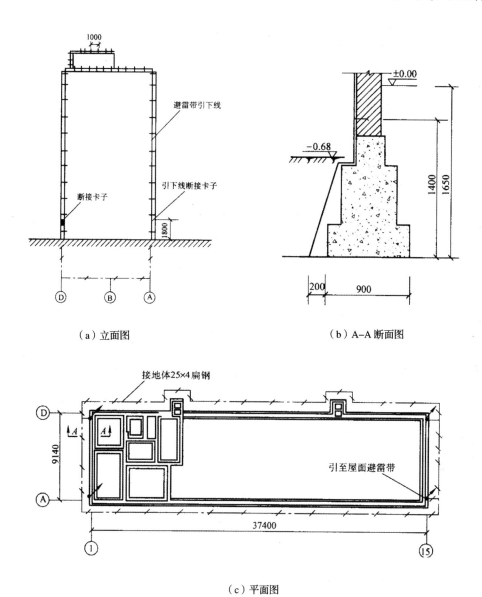

(a) 立面图　　　　　　　　　(b) A-A 断面图

(c) 平面图

图 3-60　住宅建筑的接地平面图

13）水平接地体沿建筑物一周埋设，距基础的中心线距离为 0.65m，其长度为 [（36.8+0.65×2）+（9.05+0.65×2）]×2=96.9m。由于该建筑物建有垃圾道，向外突出 1m，又增加 2×2×1=4m，水平接地体的长度为 96.9+4=100.9m。

14）接地线是连接水平接地体和引下线的导体，不考虑地基基础的坡度时，其长度约为（0.65+1.65+1.8）×4=16.4m。

15）引下线保护管由硬塑料管制成，其长度为（1.7+0.3）×4=8m。

实例51：两台10kV变压器的变电所接地电气工程图识读

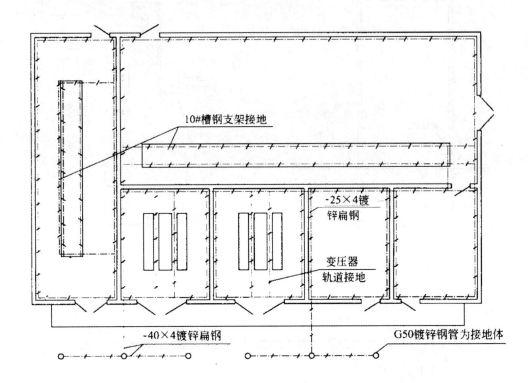

图 3-61 两台 10kV 变压器的变电所接地电气工程图

图 3-61 为两台 10kV 变压器的变电所接地电气工程图，从图中可以了解以下内容：

1）接地系统沿墙的四周用 25mm×4mm 的镀锌扁钢作为接地支线，40mm×4mm 的镀锌扁钢作为接地干线。

2）人工接地体为两组，每组有三根 G50 的镀锌钢管。

3）变压器利用轨道接地。

4）高压柜与低压柜通过 10#钢槽支架来接地。

实例52：某综合大楼接地系统的共用接地体图识读

图 3-62 为某综合大楼接地系统的共用接地体图，从图中可以了解以下内容：

1）周围共有 10 个避雷引下点，利用柱中两根主筋组成避雷引下线。

2）变电所设于底下一层，变电所接地引至 -3.5m。

3）消防控制中心在地上一层，消防系统接地引至 +0.00。

4）计算机房设于 5 层，计算机系统接地引至 +20.00m。

5）该接地体由桩基础与基础结构中的钢筋组成，采用 40mm×4mm 的镀锌扁钢作为接地线，通过扁钢与桩基础中的钢筋来焊接，形成环状的接地网。

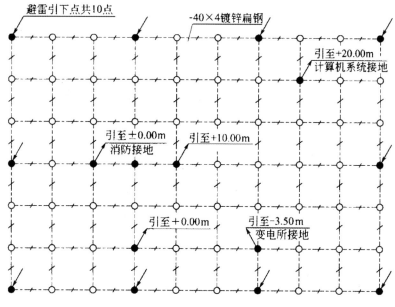

图 3-62　某综合大楼接地系统的共用接地体图

实例 53：某住宅接地电气施工图识读

图 3-63 为某住宅接地电气施工图，从图中可以了解以下内容：
1) 利用柱内两根主筋作为防雷引下线。
2) 在建筑物转角的 1.8m 处设置断接卡子，以便接地电阻测量用。
3) 在建筑物两端 -0.8m 处设有接地端子板，用于外接入工接地体。
4) 在住宅卫生间的位置，安装有 LEB 等电位接地端子板，用于对各卫生间的局部等电位的可靠接地。
5) 在配电间距地 0.3m 处，设有 MEB 总等电位接地端子板，用于设备接地。

实例 54：某综合楼防雷接地工程图识读

图 3-64 为某综合楼防雷接地工程图，从图中可以了解以下内容：
1) 此综合楼以各部分空间不同的雷电脉冲（LEMP）的严重程度来明确各区交界处的等电位连接点的位置，将保护空间划分为多个防雷区（LPZ）。
2) 图上电力线和信号线从两点进入被保护区 LPZ1，并在 LPZOA、LPZOB 与 LPZ1 区的交界处连接到等电位连接带上，各线路还连到 LPZ1 与 LPZ2 区交界处的局部带电位连接带上。
3) 建筑物的外屏蔽连到等电位连接带上，里面的房间屏蔽连到两局部等电位连接带上。

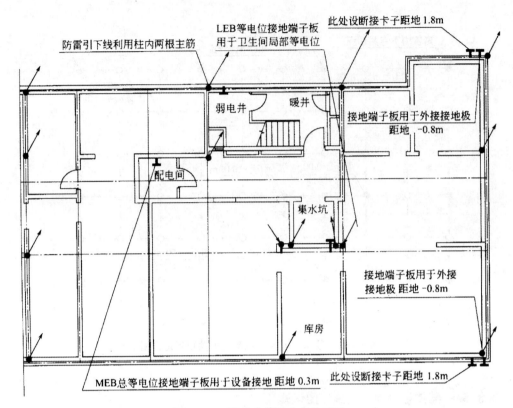

图 3-63 某住宅接地电气施工图

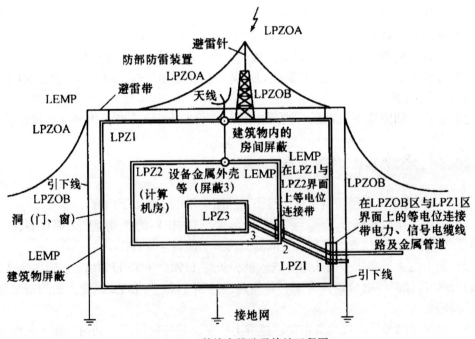

图 3-64 某综合楼防雷接地工程图

4)外部防雷采用了避雷针、避雷带、引下线及接地体;内部防雷利用避雷器、屏蔽物、等电位连接带以及接地网。

5)防雷措施采取了防雷接地和电气设备接地两部分,从屋顶设置接闪器及引下线至接地体,防止直击雷,接地体与所有电气设备的接地构成等电位接地连接。

实例55:某工厂厂房防雷接地平面图识读

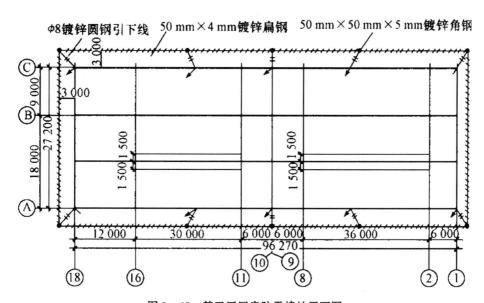

图3-65 某工厂厂房防雷接地平面图

图3-65为某工厂厂房防雷接地平面图,从图中可以了解以下内容:

1)此厂房做了10根避雷引下线,引下线采用φ8镀锌圆钢,在距地1.8m以下做绝缘保护,上端与金属屋顶焊接或螺栓连接。

2)此厂房用12根50mm×50mm×5mm镀锌角钢做了6组人工垂直接地体,水平连接用了50mm×4mm镀锌扁钢,与建筑物的墙体之间距离为3m。

3)此厂房防雷与接地共用综合接地装置,接地电阻不大于4Ω,实测达不到要求时,应补打接地体。

3.4 建筑弱电工程图识读实例

实例56:某办公楼工程弱电平面图识读

图3-66为某办公楼首层工程弱电平面图,图3-67为某办公楼二层工程弱电平面图,从图中可以了解以下内容:

1)弱电系统的前端设备都安装在建筑物首层的管理室内,包括:1个明装底边距地 1.4m 的光纤配线架，1 个 10 对的明装底边距地 1.4m 的电话分线箱，1 个明装底边距地 1.4m 的电视前端箱，1 个明装的广播站。读图 3-67 所示的二层弱电平面图还可以了解，在每一层的 2、3 轴线与 C、D 轴线交叉的相同位置的房间内，还都设有 1 个明装底边距地 1.4m 的集线器和 1 个明装底边距地 1.4m 的电视层分支器箱。

2）光纤配线架出线，分 4 路穿 JDG 管沿墙内暗敷由一层分别垂直引上至二、三、四层的集线器。之后，再由每层的集线器引出 6 对 5 类 UTP，穿 JDG 管暗敷于每层顶板内，串接至各个网络插座。

3）由接线箱首先引出 8 对 RVS-2×0.5 型双绞线，穿管径 25mm 的 JDG 管，至首层管理室轴线 3 所对应墙线上的电话插座；再从此处引出 6 对 RVS-2×0.5 型双绞线，穿管径 20mm 的 JDG 管墙内暗敷垂直引上至二层；从二层相应处引出 4 对 RVS-2×0.5 型双绞线，穿管径 15mm 的 JDG 暗敷垂直引上至三层；从三层相应处引出两对 RVS-2×0.5 型双绞线，穿管径 15mm 的 JDG 管暗敷垂直引上至四层。每层相应引出后，再分别引出 1 对 RVS-2×0.5 型双绞线，穿管径 15mm 的 JDG 管暗敷每层顶板内，接至轴线 2 所对应的墙面上的电话插座上。

4）先由电视前端箱引出 4 路 SYV-75-7 型同轴电缆，穿管径 20mm 的 JDG 管沿墙内暗敷由一层分别垂直引上至二、三、四层的电视层分支器箱。再由每层的分支器箱引出 6 根 SYV-75-5 型同轴电缆，穿管径为 15mm 的 JDG 管暗敷于每层顶板内，递减式串接至各个电视插座。

实例 57：某办公楼工程弱电系统图识读

图 3-68 为某办公楼工程弱电系统图，从图中可以了解以下内容：
1. 网络系统

一根光纤由室外穿墙引入建筑物一层的光纤配线架，经过配线后，以放射式分成 4 路穿管引向每层的集线器（HUB），总配线架与楼层集线器一次交接连接。每层的集线器引出 6 对 5 类非屏蔽双绞线（UTP），分别穿不同管径的薄壁紧定钢管（JDG）串接入 6 个网络终端插座（TO）。其中 6 对和 5 对的 5 类非屏蔽双绞线穿管径为 20mm 的 JDG 管，4 对及以下 5 类非屏蔽双绞线穿管径为 15mm 的 JDG 管。每层设有 1 个明装底边距地 1.4m 的集线器，6 个暗装底边距地 0.3m 的网络插座，一至四层共计有 4 个集线器、24 个网络插座。

2. 电话系统

由室外穿墙进户引来 10 对 HVY 型电话线缆，接入设在建筑物一层的总电话分线箱，穿管径为 25mm 的薄壁紧定钢管（JDG25）。从分线箱引出 8 对 RVS-2×0.5 型塑料绝缘双绞线，分别穿不同管径的 JDG 管，单独式引向每层的各个用户终端——电话插座（TP）。其中 8 对 RVS 双绞线穿管径为 25mm 的 JDG 管，6 对 RVS 双绞线穿管径为 20mm 的 JDG 管，4 对及以下 RVS 双绞线穿管径为 15mm 的 JDG 管。每层设有 2 个暗装底边距地 0.3m 的电话插座，一至四层共计 8 个电话插座。

3. 电视系统

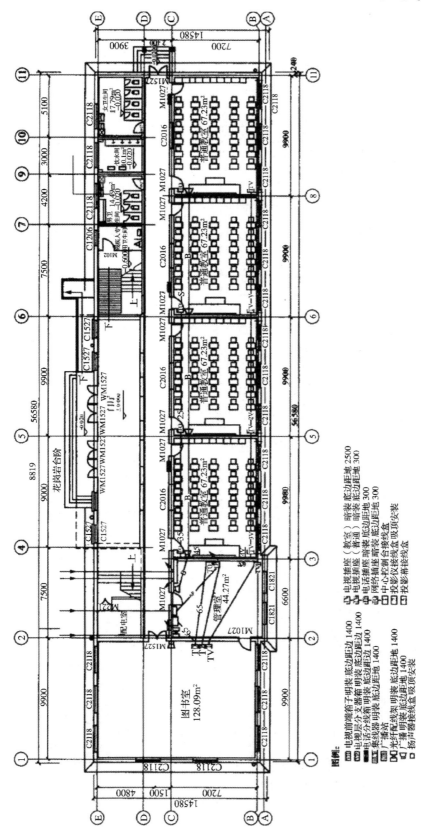

图 3-66 某办公楼首层工程弱电平面图

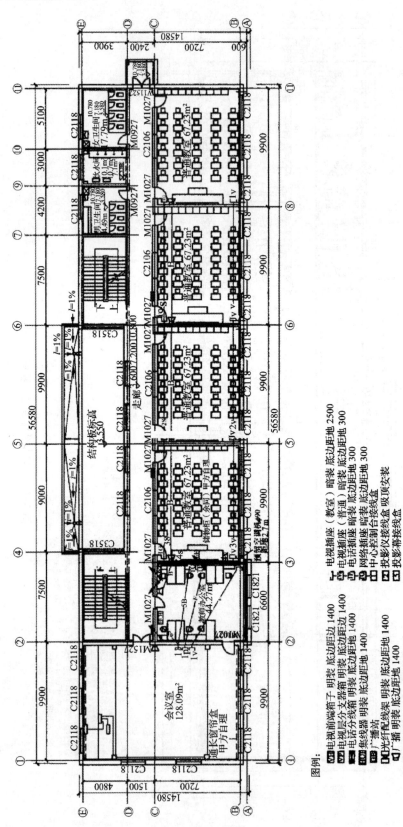

图 3-67 某办公楼二层工程弱电平面图

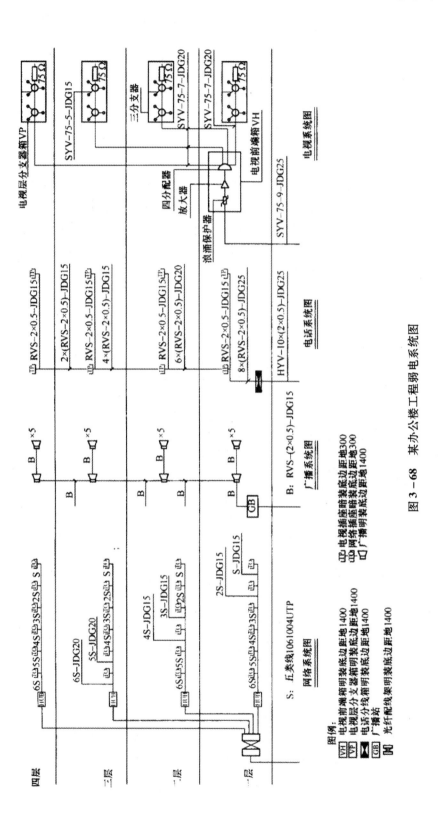

图 3-68 某办公楼工程弱电系统图

由室外穿墙引来一根 SYV-75-9 型聚乙烯绝缘特性阻抗为 75Ω 的同轴电缆，接入建筑物首层的电视前端箱（VH），穿管径为 25mm 的薄壁紧定钢管（JDG25）。经过放大器放大后，采用分配一分支方式，首先把前端信号用四分配器平均分成 4 路，每一路分别引入电视层分支器箱（VP），再由分支器箱内串接的两个三分支器平均分配到 6 个输出端——电视插座（TV），共有 24 个输出端。系统干线选用 SYV-75-7 型同轴电缆，穿管径为 20mm 的薄壁紧定钢管（JDG20）。分支线选用 SYV-75-5 型同轴电缆，穿管径为 15mm 的薄壁紧定钢管（JDG15）。

4. 广播系统

采用单声道扩音系统作为公共广播。由室外穿墙引来一根 RVS-2×0.5 型塑料绝缘双绞线，接入建筑物首层的广播站，穿管径为 15mm 的薄壁紧定钢管（JDG15）。之后分别串联复接到每层的 5 个终端放音音箱上，一至四层总计 24 个音箱。

实例58：综合布线系统工程图识读（一）

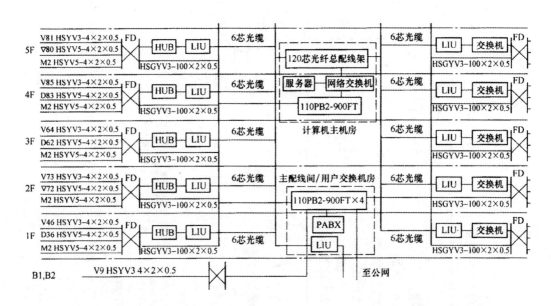

图 3-69 综合布线系统工程图（一）

图 3-69 为综合布线系统工程图（一），从图中可以了解以下内容：

1）图中所示的电话线由户外公网引入，接到主配线间或用户交换机房，机房内有 4 台 110PB2-900FT 型 900 线配线架及 1 台用户交换机（PABX）。图中所示的其他信息由主机房中的计算机处理，主机房中有服务器、网络交换机、1 台 900 线配线架及 1 台 120 芯光纤总配线架。

2）电话与信息输出线，每个楼层各使用一根 100 对干线 3 类大对数电缆（HS-GYV3-100×2×0.5），另外，每个楼层还使用一根 6 芯光缆。

3）每个楼层都设有楼层配线架（FD），大对数电缆应接入配线架，用户使用3类、5类8芯电缆［HSYV3（5）-4×2×0.5］。

4）光缆先接入光纤配线架（LIU），转换成电信号后，再经集线器（HUB）或交换机分路后，接入楼层配线架（FD）。

5）在图中左侧1F的右边，V46表示本层有46个语音出线口，D36表示本层有36个数据出线口，M2则表示本层有2个视像监控口。

实例59：综合布线系统工程图识读（二）

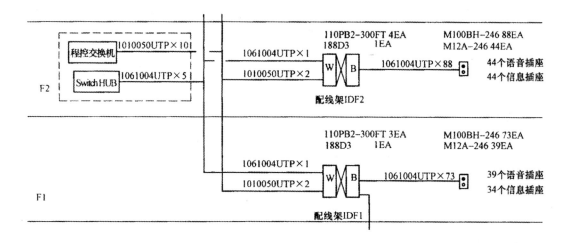

图3-70 综合布线系统工程图（二）

图3-70为综合布线系统工程图（二），从图中可以了解以下内容：

1）图中程控交换机引入外网电话，集线器引入计算机数据信息。

2）电话语音信息使用10条3类50对非屏蔽双绞线电缆（1010050UTP×10），1010是电缆型号。

3）计算机数据信息使用5条5类4对非屏蔽双绞线电缆（1061004UTP×5），电缆型号为1061。

4）主电缆引入各楼层配线架（FDFX），每层1条5类4对电缆、2条3类50对电缆。配线架为300对线110P型，配线架型号为110PB2-300FT，3EA表示3个配线架。188D3为300对线配线架背板，用来安装配线架。

5）从配线架输出各信息插座，为5类4对非屏蔽双绞线电缆，按信息插座数量确定电缆条数，1层（F1）有73个信息插座，因此有73条电缆。模块信息插座型号为M100BH-246，模块信息插座面板型号为M12A-246，面板为双插座型。

实例60：某住宅楼综合布线工程平面图识读

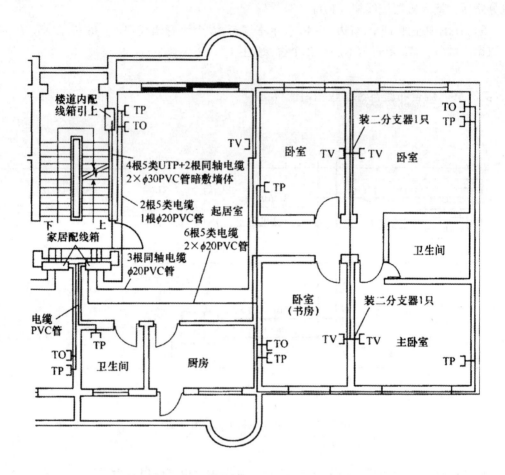

图3-71 某住宅楼综合布线工程平面图

图3-71为某住宅楼综合布线工程平面图，从图中可以了解以下内容：

1) 信息线由楼道内配电箱引入室内，有4根5类4对非屏蔽双绞线电缆（UTP）和2根同轴电缆，穿 ϕ30PVC 管在墙体内暗敷，每户室内装有一只家居配线箱，配线箱内有双绞线电缆分接端子与电视分配器，本户为3分配器。

2) 户内每个房间均有电话插座（TP），起居室与书房有数据信息插座（TO），每个插座用1根5类UTP电缆与家居配线箱连接。

3) 户内各居室均有电视插座（TV），用3根同轴电缆与家居配线箱内分配器相连接，墙两侧安装的电视插座用二分支器分配电视信号。

4) 户内电缆穿 ϕ20PVC 管于墙体内暗敷。

实例61：某写字楼综合布线工程平面图（局部）识读

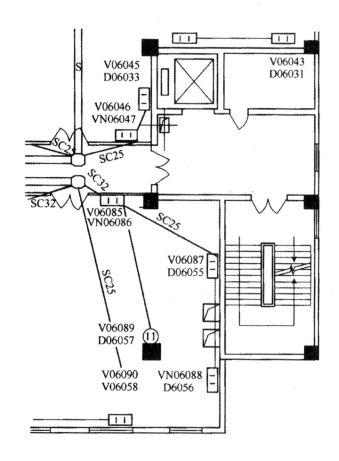

图3-72 某写字楼综合布线工程平面图（局部）

图3-72为某写字楼综合布线工程平面图（局部），从图中可以了解以下内容：

1）06表示第6层。
2）87、55表示插座编号，插座编号按信息类型分别进行排列。
3）D表示数据信息插座，V表示电话插座，VN表示内线电话插座。

实例62：电话线路系统图识读

图3-73为电话线路系统图，从图中可以了解以下内容：

它表示自市话网引来的铜芯聚氯乙烯绝缘对绞电缆线HYV-20（2×0.5）-FPC50-FC暗敷设到电话交接箱，再由交接箱分成三条支路到四层楼中每户电话机设计安装位置。

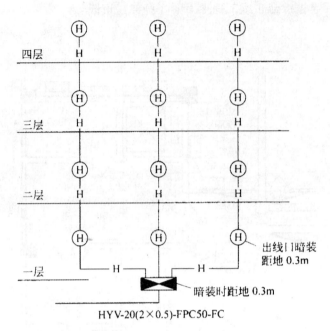

图 3-73 电话线路系统图

实例 63：电话工程系统图识读

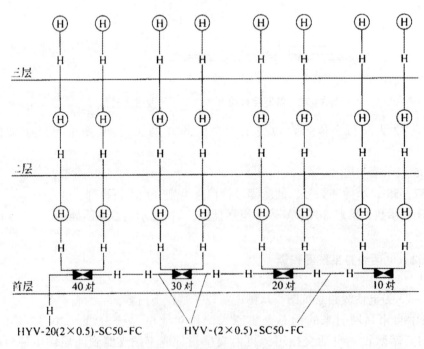

图 3-74 电话工程系统图

图 3-74 为电话工程系统图,从图中可以了解以下内容:

1) 如图所示,读图按自下而上、自左至右顺序进行。其中有三条水平线,横线左边分别标有首层、二层和三层。电话线自首层外部引入到规格为 40 对的电话组线箱,电话线由此箱向上穿两根立管敷设,每根立管内穿入三对电话线。两根电话线分别通到 1 号住宅楼一单元首层的两户内,另外四对电话线继续沿立管分别通向二层和三层住户内。

2) 其余电话线从 40 对电话组线箱内引到规格为 30 对的电话组线箱里,取 6 对电话线沿二单元立管通到二单元的 6 户住宅内。其余的电话线依次从 30 对电话组线箱再向 20 对和 10 对电话组线箱敷设,再分别沿立管敷设到三单元和四单元各住户。

3) 对数为 10、20 的电话组线箱的土建预留孔洞尺寸为 440mm × 790mm × 160mm。对数为 30、40 的电话组线箱的土建预留孔洞尺寸为 540mm × 890mm × 160mm。电话组线箱为暗装。箱底距地 0.3m。

实例 64:某住宅楼电话系统工程图识读

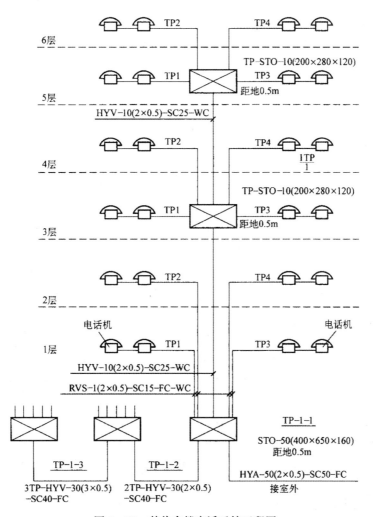

图 3-75 某住宅楼电话系统工程图

图 3-75 为某住宅楼电话工程系统图，从图中可以了解以下内容：

1) 进户使用 HYA-50 (2×0.5) 型电话电缆，采用 50 对线电缆，每根线芯的直径为 0.5mm，穿直径 50mm 的焊接钢管埋地敷设。

2) 电话分线箱 TP-1-1 为一只 50 对线电话分线箱，型号 STO-50。箱体外形尺寸为 400mm×650mm×160mm，安装高度距地 0.5m。

3) 进线电缆在箱内同本单元分户线和分户电缆及到下一单元的干线电缆连接。

4) 下一单元的干线电缆为 HYV-30 (2×0.5) 型电话电缆，电缆为 30 对线，每根线的直径为 0.5mm，穿直径 40mm 的焊接钢管埋地敷设。

5) 1、2 层用户线从电话分线箱 TP-1-1 引出，各用户线使用 RVS 型双绞线，每条的直径 0.5mm，穿直径为 15mm 焊接钢管埋地、沿墙暗敷设（SC15-FC-WC）。

6) 从 TP-1-1 到 3 层电话分线箱用一根电缆，为 10 对线，型号为 HYV-10 (2×0.5)，穿直径 25mm 的焊接钢管沿墙暗敷设。

7) 在 3 层与 5 层各设一只电话分线箱，型号为 STO-10，箱体的外形尺寸为 200mm×280mm×120mm，都为 10 对线电话分线箱，安装高度为 0.5m。

8) 3 层~5 层也使用一根电缆，电缆为 10 对线。

9) 3 层和 5 层电话分线箱分别连接上下层四户的用户电话出线口，都使用 RVS 型双绞线，每条直径 0.5mm。

10) 每户内有两个电话出线口。

11) 电话电缆从室外埋地敷设引入，穿直径 50mm 的焊接钢管引入建筑物（SC50），钢管连接至 1 层 PT-1-1 箱。到另外两个单元分线箱的钢管，横向埋地敷设。

12) 单元干线电缆 TP 从 TP-1-1 箱向左下到楼梯对面墙，干线电缆沿墙从 1 层引向上到 5 层，3 层与 5 层分别装有电话分线箱，从各层的电话分线箱引出本层及上一层的用户电话线。

图 3-76 为某大厦 22 层火灾报警平面图，从图中可以了解以下内容：

1) 在消防电梯前室内装有区域火灾报警器（或层楼显示器），主要用于报警及显示着火区域，输入总线接到弱电竖井中的接线箱，再通过垂直桥架中的防火电缆接至消防中心。

2) 整个楼面装有 27 只地址编码底的感烟探测器，采用二总线制，用塑料护套屏蔽电缆 RVVP-2×1.0 穿电线管（TC20）的敷设。

3) 走廊平顶设置 8 个消防广播喇叭箱，用 2×1.5mm^2 的塑料软线穿 ϕ20 的电线管于平顶中敷设。

4) 走廊内设置 4 个消火栓箱，箱内装有带指示灯的报警按钮，当发生火灾时，只需敲碎按钮箱玻璃便可报警。

5) 消火栓按钮线采用 4×2.5mm^2 的塑料铜芯线穿 ϕ25 电线管，沿筒体垂直敷设至消防中心或消防泵控制器。

6) D 为控制模块，D221 为前室正压送风阀控制模块，D222 为电梯厅排烟阀控制模块，从弱电竖井接线箱敷设 ϕ20 电线管至控制模块，穿 BV-4×1.5 导线。

实例65：某大厦22层火灾报警平面图识读

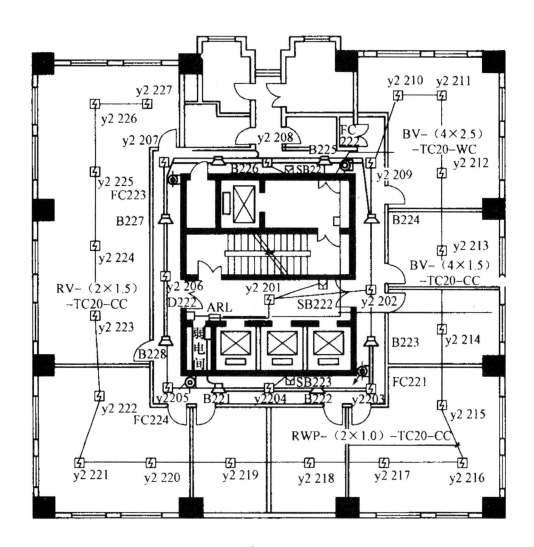

图3-76 某大厦22层火灾报警平面图

7) FC为消防联动控制线。
8) B为消防扬声器。
9) SB为指示灯的报警按钮，含有输入模块。
10) Y为感烟探测器。
11) ARL为楼层显示器（或区域报警器）。

实例66：某综合楼火灾自动报警系统与消防联动控制系统图识读

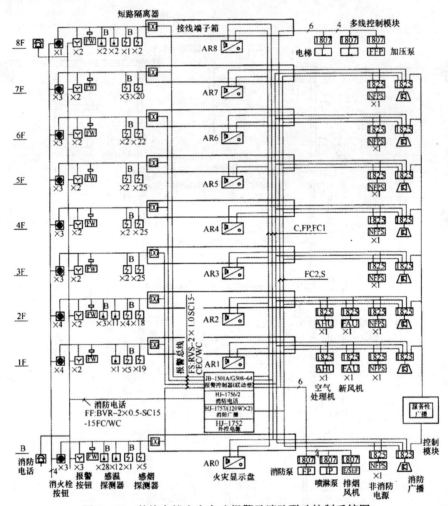

图3-77 某综合楼火灾自动报警及消防联动控制系统图

说明：
1) 该综合楼建筑总面积为7000m²，总高度为30m，其中主体檐口至地面高度为23.90m，各层基本数据见表3-4。
2) 本建筑火灾自动报警及消防联动控制系统保护对象为二级。
3) 消防泵、喷淋泵和消防电梯为多线联动，其余设备为总线联动。
4) 消防控制室与广播音响控制室合用，位于1层，并有直通室外的门。
5) 地下层的汽车库、泵房和顶楼冷冻机房选用感温火灾探测器，其他场所选感烟火灾探测器。
6) 火灾报警控制器为柜式结构。火灾显示盘挂墙安装，底边距地1.5m，火灾探测器吸顶安装，消防电话与手动报警按钮中心距地1.4m暗装，消火栓按钮装设于消火栓内，控制模块安装于被控设备控制柜内或与其上边平行的近旁。火灾应急扬声器与背景音乐系统共用，如有火灾时强制切换至火灾应急扬声器。
7) 火灾应急广播与消防电话火灾应急广播与背景音乐系统共用，如有火灾发生时强迫切换到消防广播状态，平面图中竖井内1825模块为扬声器切换模块。
消防控制室设消防专用电话，消防泵房、配电室及电梯机房设固定消防对讲电话，手动报警按钮带电话塞孔。
8) 消防用电设备的供电线路一般采用阻燃电线电缆沿阻燃桥架敷设，火灾自动报警系统与电路、联动控制电路、通信电路和应急照明电路为BV线穿钢管沿墙、地及楼板暗敷。

表 3-4 某综合楼基本数据

层数	面积（m²）	层高（m）	主 要 功 能
B	915	3.40	汽车库、泵房、水池、配电室
1	935	3.80	大堂、服务、接待
2	1040	4.00	餐饮
3~5	750	3.20	客房
6	725	3.20	客房、会议室
7	700	3.20	客户、会议室
8	1700	4.60	机房

图 3-77 为某综合楼火灾自动报警及消防联动控制系统图，从图中可以了解以下内容：

1）火灾自动报警及消防联动设备安装在 1 层消防及广播值班室。

2）火灾自动报警及消防联动控制设备的型号为 JB1501A/G508-64；消防电话设备的型号为 HJ-1756/2；外控电源设备型号为 HJ-1752；消防广播设备型号为 HJ-1757（120W×2）。

3）JB 共有四条回路总线，可设 JN1~JN4。JN1 用于地下层，JN2 用于 1 层~3 层，JN3 用于 4 层~6 层，J4 用于 7 层、8 层。

4）报警总线 FS 标注为 RVS-2×1.0 SC15 SCE/WC。对应的含义为：软导线（多股）、塑料绝缘、双绞线，2 根，截面积为 1mm²；保护管为水煤气钢管、直径为 15mm；沿顶棚暗敷设并有一段沿墙暗敷设的线路。

5）消防电话线 FF 标注为 BVR-2×0.5SC15 FC/WC。BVR 为布线和塑料绝缘软导线，其他与报警总线类似。

6）火灾报警控制器的右手向也有五个回路标注，依次为 C、FP、FC1、FC2、S。对应图的下面依次说明如下：C：RS-485 通信总线，RVS-2×1.0SC15 WC/FC/SCE；FP：DC24V 主机电源总线，BV-2×4 SC15 WC/FC/SCE；FC1：联动控制总线，BV-2×1.0 SC15WC/FC/SCE；FC2：多线联动控制线，BV-1.5 SC20WC/FC/SCE；S：消防广播线，BV-2×1.5 SC15WC/SCE。

7）多线联动控制线的标注为 BV-1.5 SC20WC/FC/SCE。多线联动控制线主要是控制在 1 层的喷淋泵、消防泵、排烟风机（消防泵、喷淋泵、排烟风机实际是安装在地下层）等，其标注为 6 根线；在 8 层有两台电梯和加压泵，其标注也是 6 根线［应该标注的是 2（6×1.5）］。

8）每层楼安装一个接线端子箱，端子箱中安装有短路隔离器 DG。

9）每层楼安装有一个火灾显示盘 AR，能够显示各个楼层。显示盘接有 RS-485 通信总线，火灾报警与消防联动设备可将信息传送到火灾显示盘 AR 上显示。显示盘有灯光显示，所以还要接主机电源总线 FP。

10）纵向第 2 排图形符号为消火栓箱报警按钮，×3 代表地下层有 3 个消火栓箱。

消火栓箱报警按钮的编号为 SF01、SF02、SF03。消火栓箱报警按钮的连接线是 4 根线。

11）纵向第 3 排图形符号为火灾报警按钮。每一个火灾报警按钮占一个地址码。×3 代表地下层有 3 个火灾报警按钮。8 层纵向第 1 个图形符号即为电话符号。

12）纵向第 4 排的图形符号为水流指示器 FW，每层楼一个。

13）在地下层、1 层、2 层以及 8 层都安装有感温火灾探测器。纵向第 5 排图形符号上标注 B 的为子座，第 6 排没有标注 B 的即为母座。

14）该建筑应用的感烟火灾探测器数量多，第 7 排图形符号上标注 B 的为子座，第 8 排没有标注 B 的为母座。

15）1807、1825 为控制模块，此控制模块是将火灾报警控制器送出的控制信号放大，再控制需要动作的消防设备。

16）AHU 为空气处理机，用于将电梯前厅的楼梯空气进行处理。

17）PAU 为新风机，有两台，一台在 1 层安装在右侧楼梯走廊处，另一台在 2 层，安装在左侧楼梯前厅，是用来送新风的，发生火灾时都要开起来换空气。

实例 67：某综合楼地下一层火灾报警与消防联动控制平面图识读

图 3-78 为某综合楼地下一层火灾报警与消防联动控制平面图，从图中可以了解以下内容：

1）地下层是车库兼设备层。该层以位于横轴①、②之间，纵轴Ⓔ、Ⓓ之间的车库管理室为报警总线的起始点和终止点，各探测器连成带分支的环状结构，探测器除两个楼梯间、配电间及车库管理间为感烟型外，均为感温型。

2）手动报警有报警按钮、消火栓按钮及消防电话，分别为三处、三处和一处。

3）联动设备包括五处：
①FP 位于⑩/Ⓔ附近的消防泵。
②IP 位于⑪/Ⓔ附近的喷淋泵。
③E/SEF 位于①/Ⓓ附近的排烟风机。
④NFPS 位于②/Ⓓ附近的非消防电源箱。
⑤位于车库管理间的火灾显示盘及广播喇叭。

4）上引线路包括五处：
①②/Ⓔ附近上引 FS、FC1/FC2、FP、C、S。
②②/Ⓓ附近上引 WDC。
③⑨/Ⓓ附近上引 WDC。
④⑩/Ⓔ附近上引 FC2。
⑤⑨/Ⓒ附近上引 FF。

5）图中文字符号前缀含义为：ST 感温探测器；SS 感烟探测器；SF 消火栓报警按钮；SB 手动报警按钮。后缀及后加数字，表示相连的、共用标有 B 的母底座编址的多个探测器的序号。除标有 B 的母底座带独立地址外，其余均为非编址的子底座。母/子底座共同组成混合编址。

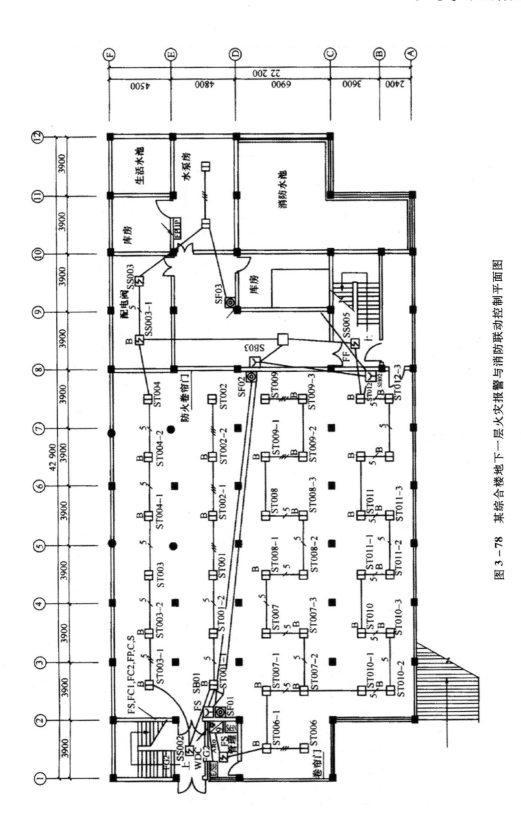

图 3-78 某综合楼地下一层火灾报警与消防联动控制平面图

实例68：某综合楼首层火灾报警与消防联动控制平面图识读

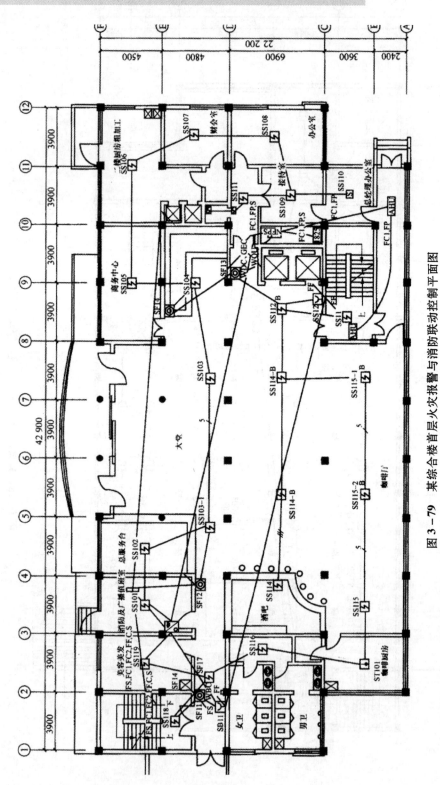

图3-79 某综合楼首层火灾报警与消防联动控制平面图

图 3-79 为某综合楼首层火灾报警与消防联动控制平面图，从图中可以了解以下内容：

1）首层为包括大堂、服务台、吧厅、商务与接待中心等在内的服务层。

2）自下而上引入的线缆有五处。本层的报警控制线由位于横轴③、④之间，纵轴Ⓓ、Ⓕ之间的消防及广播值班室引出，呈星形引至引上引下处。

3）引上线共包括五处：
①横轴②和纵轴②交会处附近继续上引 WDC。
②横轴②和纵轴②交会处附近新引 FF。
③横轴④和纵轴Ⓓ交会处附近新引 FS、FC1/FC2、FP、C、S。
④横轴⑨和纵轴Ⓓ交会处附近移位，继续上引 WDC。
⑤横轴⑨和纵轴Ⓒ交会处附近继续上引 FF。

4）本层联动设备共包括四台：
①空气处理机 AHU 一台，在横轴⑨和纵轴Ⓒ附近。
②新风机 FAU 一台，在横轴⑩和纵轴Ⓐ附近。
③非消防电源箱 NFPS 一个，在横轴⑩和纵轴Ⓓ、Ⓒ之间。
④消防值班室的火灾显示盘及楼层广播 AR1，在横轴③和纵轴Ⓔ交会处附近。

5）本层检测、报警设施包括：
①探测器，除咖啡厨房用感温型外均为感烟型。
②消防栓按钮及手动报警按钮，分别为横轴④和②与纵轴Ⓓ、Ⓔ之间。

> **实例 69：某综合楼二层火灾报警与消防联动控制平面图识读**

图 3-80 为某综合楼二层火灾报警与消防联动控制平面图，从图中可以了解以下内容：

1）二层是包括大、小餐厅及厨房为主的餐厨层。自下向上引入的线缆有五处，有两条 WDC 及两条 FF 分别为直接启泵线及按钮报警信号线，是自下至上的贯通，以及与本层的连接。本层的报警控制线由位于 4/D 轴附近引来 FS、FC1/FC2、FP、C、S，并引至本层 8/C 轴附近的火灾显示盘旁的接线端子箱，呈星型外引连接本层设备。

2）本层上引线包括五路：
①②/Ⓓ附近继续上引 WDC。
②②/Ⓓ附近继续上引 FF。
③⑨/Ⓓ附近继续上引 WDC。
④⑨/Ⓒ附近继续上引 FF。
⑤⑧/Ⓒ附近上引 FS、FC1/FC2、FP、C、S。

3）本层联动设备共四台：
①①/Ⓓ附近的新风机 FAU。
②⑧/Ⓒ及 8/B 附近空气处理机 AHU。
③⑩/Ⓒ附近的非消防电源箱（楼层配电箱）NFPS。
④⑧/Ⓒ附近的楼层火灾显示盘及楼层广播。

4）本层检测、报警设施为：

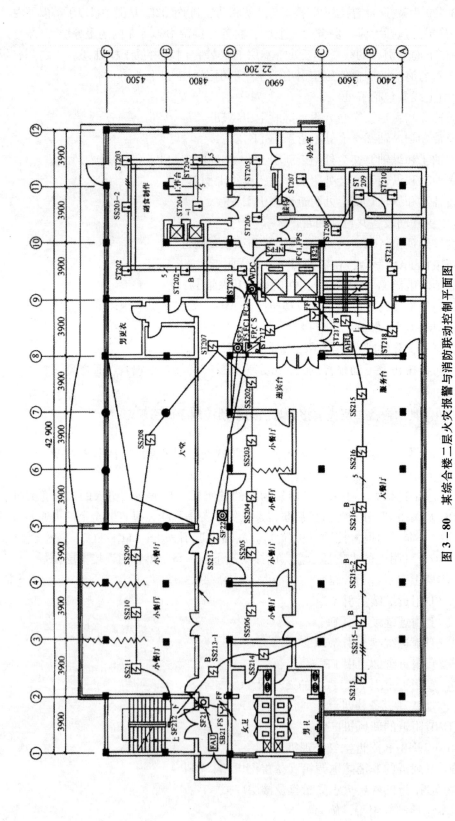

图 3-80 某综合楼二层火灾报警与消防联动控制平面图

①本层右部厨房部分以感温探测为主，本层左部餐厅部分以感烟探测为主，构成环状带分支结构。

②消防按钮及手动报警按钮布置在两个楼梯间经电梯间的公共内走道内，分别为 2 点及 4 点。

实例70：某综合楼三层火灾报警与消防联动控制平面图识读

图 3-81 为某综合楼三层火灾报警与消防联动控制平面图，从图中可以了解以下内容：

1）三层是客房标准层，除一个两室套间及电梯、服务间、电梯前室，其余为标准一室客房，共 18 间。四~七层均为标准层。自二层引来的五路线路中，四路线路同二层一样为 WDC 及 FF，层间信号主传渠道为⑧/①附近引来的 FS、FC1/FC2、FP、C、S，引至⑨/①及⑨/ⓒ附近的楼层火灾显示盘后接线端子处形成中心。本层上引线共四路，除相比二层少⑨/ⓒ引线外，均相同。

2）联动设备相比二层少 AHU 及 FAU，其余相同。

3）检测、报警设施：

①各房间设一感烟探测器，北、南向及中间过道构成"日"字环形结构。

②按钮布置同二层，为 3 点及 2 点。

实例71：某宾馆视频安防监控系统图识读

图 3-82 为某宾馆视频安防监控系统图，从图中可以了解以下内容：

1）共有 20 台 CC-1320 型 1/2inCCD 固体黑白摄像机。

2）电源由摄像机控制器 CC-6754 来提供。

实例72：闭路闯入报警系统接线图识读

图 3-83 为闭路闯入报警系统接线图，从图中可以了解以下内容：

1）S_1 和 S_2 为常闭磁簧开关，装于后入口通道的门上，并接到阻挡接线板 TB-1 上，再通过双线平行电缆接到警报控制装置附近的 TB-2 上。

2）S_3 为位于前门的常闭开关，S_4 为前门附近的常开键锁开关。它们接至 TB-3，并且通过四线电缆（或一对双线电缆）将电路延长在 TB-2 上。

3）电铃、电笛以及闪光信号灯全部接于 TB-3 上，位置要较高，它们的引线用绝缘带将其绑在一起，从 TB-3 端子 3 和 4 引出线接至 TB-2。

4）接线板 TB-2 与 TB-3 应装于金属盒内，以防触电。

5）TB2 的端子 2、3、4 和 5 通过四线缆接在警报控制装置的接线端子上；端子 6 和端子 7 的引线要采用较粗的导线。端子 8 接地。

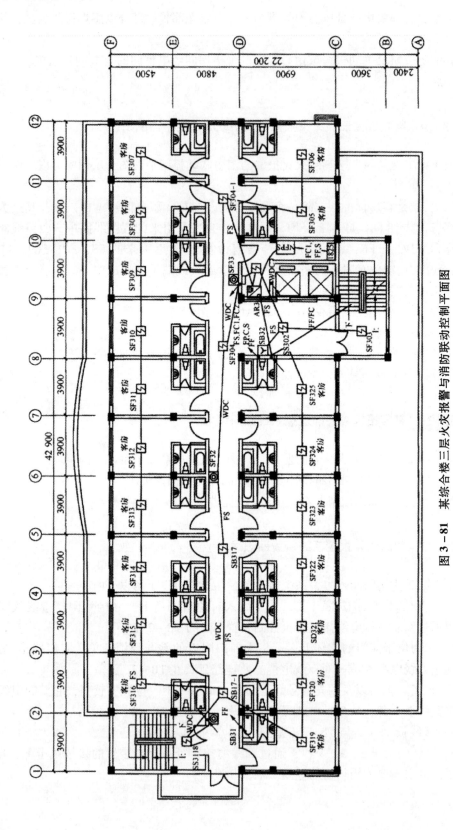

图3-81 某综合楼三层火灾报警与消防联动控制平面图

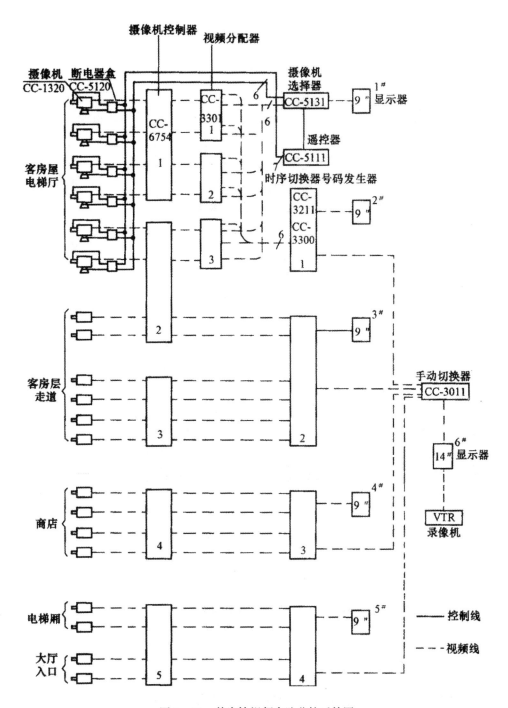

图 3-82 某宾馆视频安防监控系统图

说明：该工程 CCTV 系统的监控室与火灾自动报警控制中心及广播室共用一室，使用面积为 30m²，地面采用活动架空木地板，架空高度为 0.25m，房间门宽为 1m，高 2.1m，室内温度要求控制在 16~30℃，相对湿度要求控制在 30%~75%。控制柜正面距墙净距大于 1.2m，背面与侧面距墙净距大于 0.8m。CCTV 系统的供电电源要求安全可靠，电压偏移要小于 ±10%。

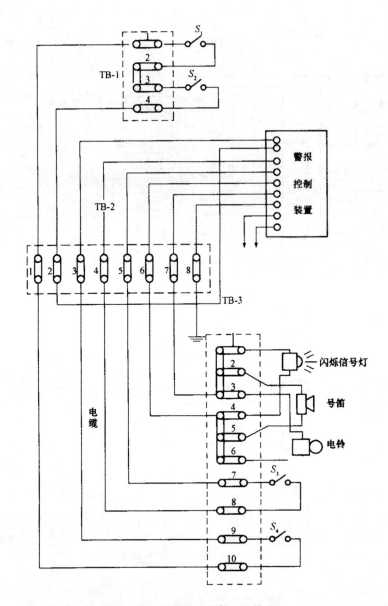

图 3-83 闭路闯入报警系统接线图

实例73：某防盗安保系统图识读

图 3-84 为某防盗安保系统图，从图中可以了解以下内容：

1) 图的右部为保安监视主控制中心与副控制中心，监视器和摄像机采集来的信号通过处理设备进入控制室，在控制室形成多个画面处理器，可观看小区各个地点的情况。如有意外情况，可通过报警器将报警信号传到保安监视控制器，以便采取下一步动作。

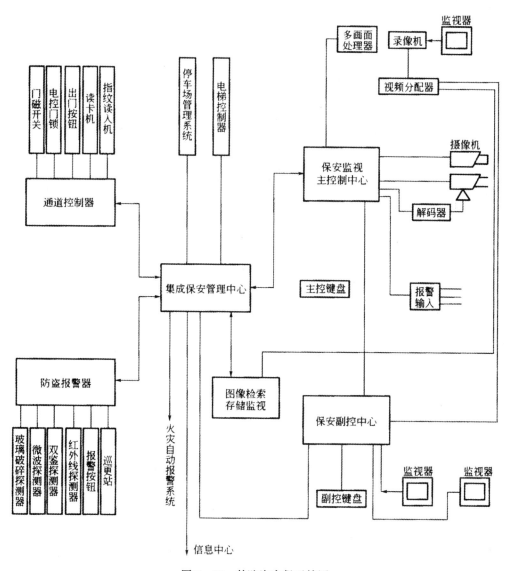

图 3-84 某防盗安保系统图

2)图的左部为通道控制器与防盗报警器,通道控制器主要包括:指纹读入机、读卡机、出门按钮、电控门锁、门磁开关,在进行信号处理后决定通道的控制。防盗报警器主要包括:巡更站、报警按钮、红外线探测器、双鉴探测器、微波探测器以及玻璃破碎探测器。集成保安管理中心上面为停车场管理系统与电梯控制器,停车场管理系统主要是对车辆的进出、停发进行管理,随时记录车辆情况;电梯控制器也可以监视电梯的运行情况,在发生意外的情况下,也可发出工作指令。

3)图的下部为火灾自动报警系统和信息中心,它们与集成保安管理中心相连。当出现火灾或是其他情况时,集成保安管理中心按照需要发出指令信号。集成保安管理中心同时也将小区里的信息传到信息中心。

实例74：某办公楼防盗报警系统图识读

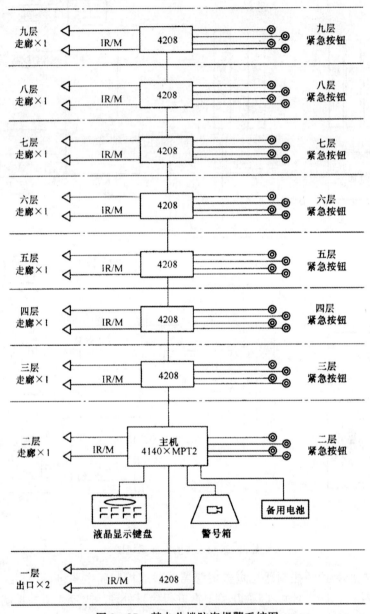

图3-85 某办公楼防盗报警系统图

图3-85为某办公楼防盗报警系统图，从图中可以了解以下内容：

1) 信号输入点共52点。

①IR/M探测器为被动红外/微波双鉴式探测器，共20点，一层两个出入口（内侧左右各一个），两个出入口共4个；二至九层走廊两头各装一个，共16个。

②紧急按钮二~九层每层4个，共32个。

2) 扩展器"4208"，为8地址（仅用4/6区），每层一个。

3）配线为总线制，施工中敷线注意隐蔽。

4）主机 4140XMPT2 为 ADEMCO（美）大型多功能主机。该主机有 9 个基本接线防区，总线式结构，扩充防区十分方便，可扩充多达 87 个防区，并具有多重密码、布防时间设定、自动拨号及"黑匣子"记录功能。

实例 75：某大厦（9 层涉外商务办公楼）的防盗报警系统图识读

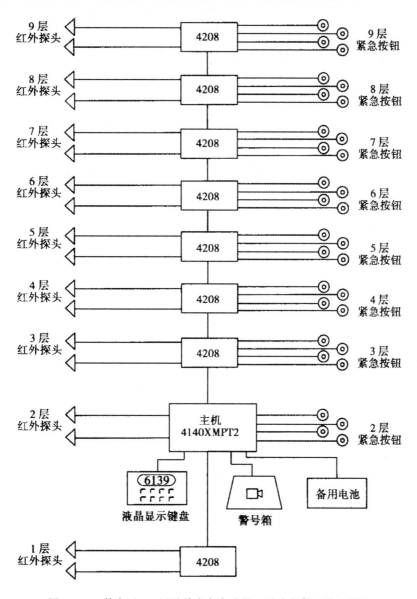

图 3-86 某大厦（9 层涉外商务办公楼）防盗报警系统工程图

图 3-86 为某大厦（9 层涉外商务办公楼）防盗报警系统工程图，从图中可以了解以下内容：

1）该大楼在首层各出入口各装置了 1 个双鉴探测器（被动红外/微波探测器），共装置 4 个双鉴探测器,对所有出入口的内侧保护。

2) 2 楼至 9 楼的每层走廊进出通道各配置 2 个双鉴探测器,共配置 16 个双鉴探测器;同时每层各配置 4 个紧急按钮,共配置了 32 个紧急按钮。

实例 76:某住宅访客对讲及报警平面图和系统图识读

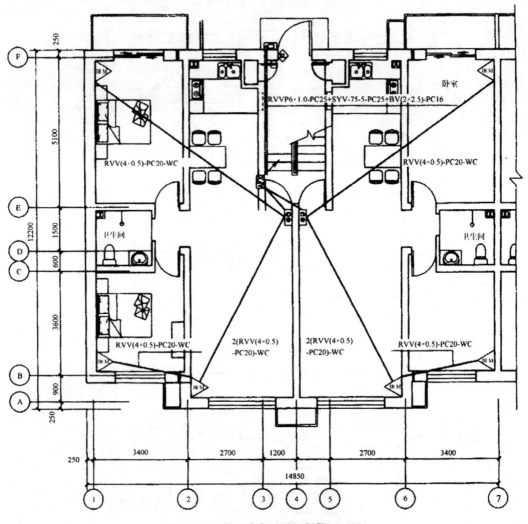

图 3-87 单元住宅对讲及报警平面图

图 3-87 为单元住宅对讲及报警平面图,图 3-88 为单元住宅对讲及报警系统图,从图中可以了解以下内容:

1) 在单元的入口处设有可视门口对讲主机。

2) 在住户内设有带 8 防区的可视对讲分机。

3) 在客厅、卧室设有被动红外/微波双技术探测器,探测器安装于各房间的墙角处,可实现对整个房间及门、窗的有效监控工作。

4) 对讲室内机上没有与监控中心联络的手动报警按钮。

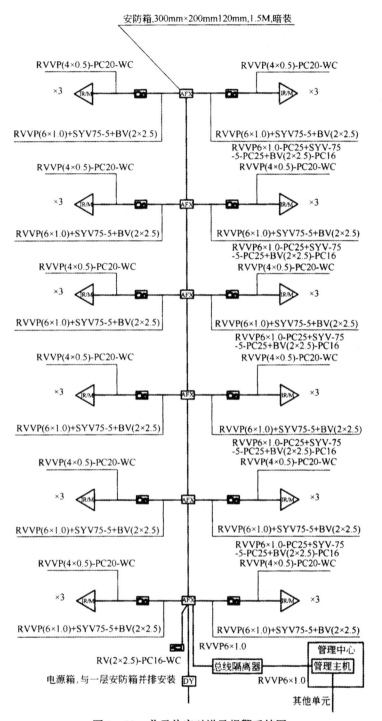

图3-88 单元住宅对讲及报警系统图

5) 本系统于楼道内设有安防箱,一层设电源箱,提供直流电源,管理主机至各门口机的系统总线采用RVVP-6×1.0,每条管理主机至各门口机的系统总线加一台总线隔离器,由门口主机到各住户室内可视对讲室内机的总线为RVVP(6×1.0)+SYV75-5,室内对讲机电源线BV(2×2.5),由一层安防电源箱供电。

实例 77：某宾馆出入口控制系统图识读

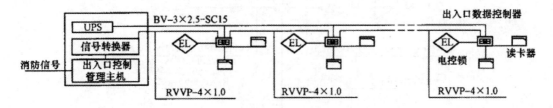

图 3-89　某宾馆出入口控制系统图

图 3-89 为某宾馆出入口控制系统图，从图中可以了解以下内容：

1）各出入口的管理控制器电源由 UPS 电源通过 BV-3×2.5 线统一提供，电源线穿直径为 15mm 的 SC 管暗敷设。

2）出入口控制管理主机和出入口数据控制器间采用 RVVP-4×1.0 线进行连接。

3）该系统中在出入口控制管理主机引入消防信号，如有火灾发生时，门禁将被打开。

实例 78：某小区 1 号住宅楼有线电视前端系统图识读

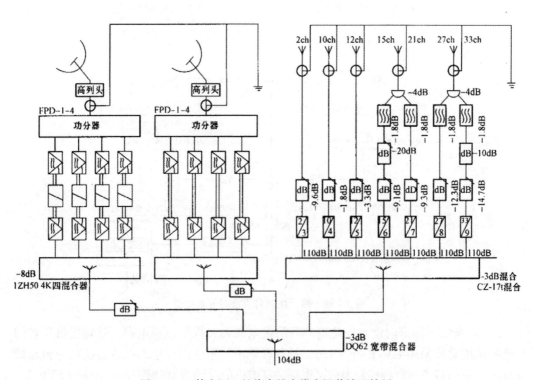

图 3-90　某小区 1 号住宅楼有线电视前端系统图

图 3-90 为某小区 1 号住宅楼有线电视前端系统图,从图中可以了解以下内容:

1) 系统接收 2 频道、10 频道、12 频道、15 频道、21 频道、27 频道及 33 频道共计 7 个频道 (ch) 的开路电视节目。其中,15 频道与 21 频道共用一副天线、27 频道和 33 频道共用一副天线,经分配器分路,并用滤波器分离出各自的信号。

2) 所有开路电视频道的电视信号都用频道变换器作了频道转换,以防接收图像上出现重影干扰。

3) 系统还接收两颗卫星的电视节目,其中一颗卫星电视节目为 NTSC 制式,不同于我国标准彩色电视制式 PAL,所以在卫星电视接收机后加入了电视制式转换器,以使有线电视系统中传送的电视信号统一为中国标准彩色电视制式。

4) 系统前端输出的电平为 104dB。

实例 79:某小区 1 号住宅楼有线电视干线分配系统图识读

图 3-91 为某小区 1 号住宅楼有线电视干线分配系统图,从图中可以了解以下内容:

1) 来自系统前端的信号被送至 12 层楼的分配箱的干线放大器,将信号放大 25dB 后,再由二分配器分配经 SYWV-75-9 型同轴电缆送至 1 号住宅楼及其他住宅楼。

2) 1 号住宅楼的电视信号用三分配器分成三路分别向三个单元进行输送。

3) 单元每层楼的墙上暗装有器件箱,器件箱内有分支器等器件。

4) 为使各层楼的信号电平一致,所以四层楼分为一组,每层楼装有一个四分支器与一个二分支器。分支器主路输入端与主路输出端串联使用,由支路输出端经 SYWV-75-5 型同轴电缆将信号送到用户端。

实例 80:共用电视天线系统图识读

图 3-92 为共用电视天线系统图,从图中可以了解以下内容:

1) 最上面虚线部分是避雷针,避雷针下面的 1、2、3 数字代表射频接收天线。

2) 图中间部分是宽带视频放大器和分配器。放大器的作用是将天线接收到的微弱信号放大到设计要求的数值,放大器的增益一般在 10~30dB 之间(可调节)。分配器的作用是将干线信号均匀分成几路(此图为三路),通过射频同轴电缆(型号为 SYV-75-9/5)将电视信号送到住户房间内。

3) 电视插座(终端盒)位置距地 0.3m。

4) 终端电阻的作用是消除系统内的反射干扰。

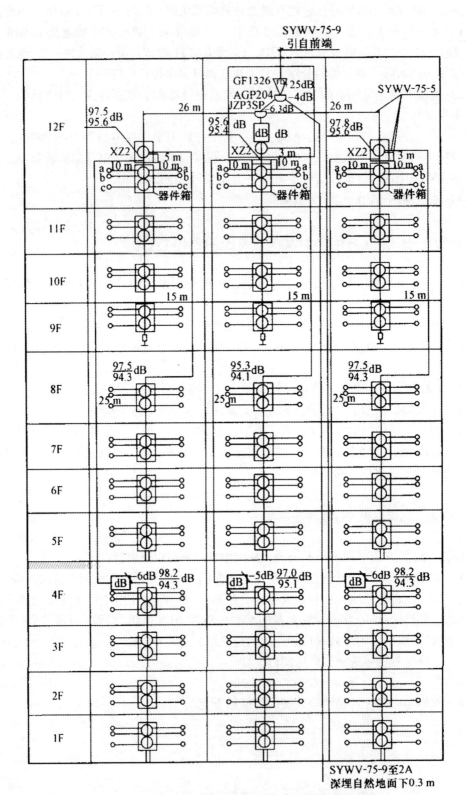

图3-91 某小区1号住宅楼有线电视干线分配系统图

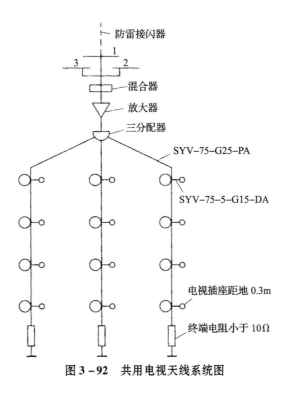

图3-92 共用电视天线系统图

实例81：某宾馆楼共用天线电视系统图与平面图识读

图3-93～图3-98为某宾馆楼共用天线系统图与平面图，从图中可以了解以下内容：

1）该宾馆楼为砖混结构，分A、B两段。A段7层，B段5层。A段7层为电梯机房、水箱间、游艺廊，系柱结构，无围护墙。

2）系统干线选用SYV-75-9型同轴电缆，穿直径为25mm电线管暗敷，分支线选用SYV-75-5-1型同轴电缆，穿直径20mm的电线管暗敷设。

3）天线基座设置于水箱间顶部⑰轴线Ⓗ轴线相交处的构造柱上，电视前端箱在水箱间内轴线⑰墙上暗装。

4）天线的接收频道为2、6、8频道，2频道天线馈线输出电平为61.76dB，6频道天线馈线输出电平为67.15dB，8频道天线馈线输出电平为71.32dB。

5）前端设备选用放大-混合-放大式，天线放大器为SFZV型，混合器型号为SHH-5型，混合后放大器选用SFKU型。

6）分配系统采用分配-分配-分支方式，首先将前端所有信号用SFP型四分配器平均分为四路，每一路分别再经一个分配器将电视信号平均分为四支路，然后再在各支路上共串接69个串接二分支器，15个串接一分支器，共有153个输出端。

7）阅读平面图：四条干线自前端箱引出分别穿直径为25mm的电线管暗敷引至安装在六层顶板上的T_1四分配器（⑱轴线与Ⓜ轴线交叉处）、T_2四分配器（⑭轴线与⑮轴线之间Ⓘ轴上）（见图3-95）、T_3四分配器（⑦轴线与⑧轴线之间Ⓖ轴上）、T_4四分配器（③轴线与④轴线之间Ⓖ轴上）（如图3-98所示）。各分配器分别引出4条支线，串接分支器自6层垂直引至1层，均采用SYV-75-5-1同轴电缆穿直径为20mm电线管墙内暗敷。

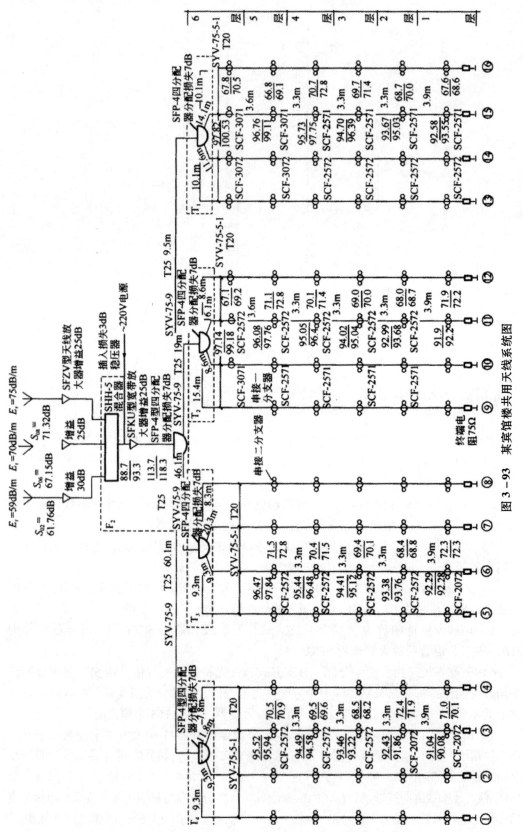

图 3-93 某宾馆楼共用天线系统图

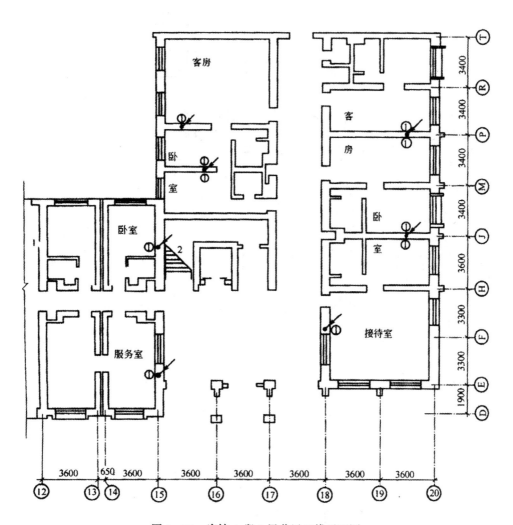

图 3-94 宾馆 A 段 1 层共用天线平面图

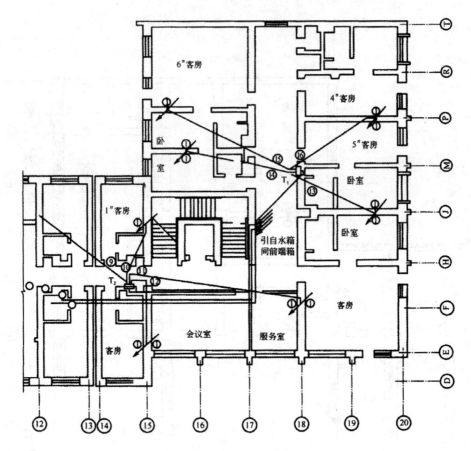

图 3-95 宾馆 A 段 2~6 层共用天线平面图

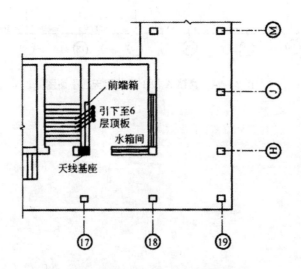

图 3-96 宾馆 A 段 7 层共用天线平面图

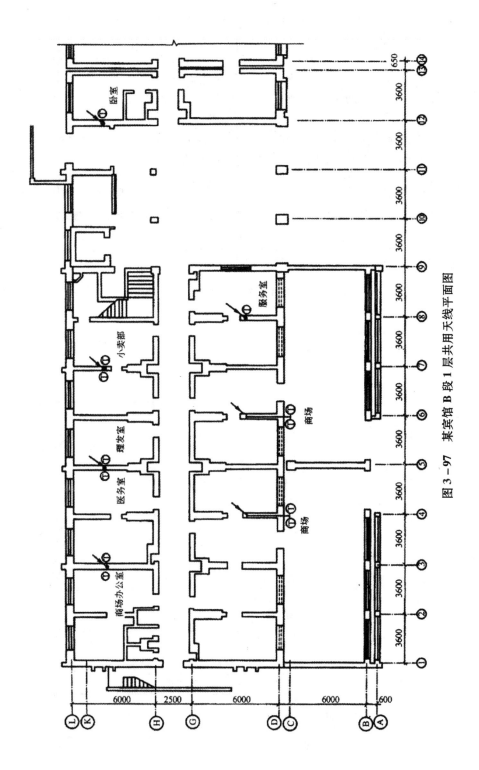

图 3-97 某宾馆 B 段 1 层共用天线平面图

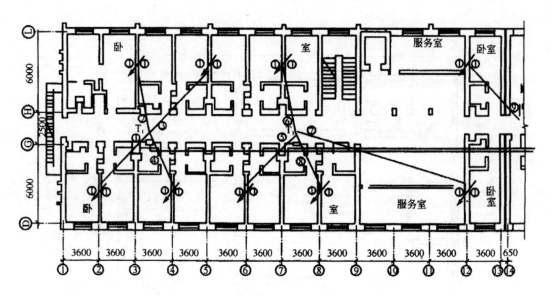

图 3-98　宾馆 B 段 2~5 层共用天线平面图

实例 82：多层住宅电话配线图识读

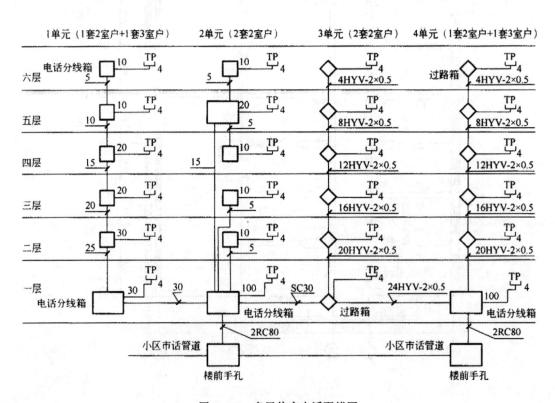

图 3-99　多层住宅电话配线图

图 3-99 为多层住宅电话配线图，从图中可以了解以下内容：

1) 由图中的 1 单元可以看出，在各单元的各层均设置电话分线箱，室外电缆引入处设置一个 100 对电话分线箱，其他单元的一层设置一个 30 对电话分线箱，所有单元二层设置一个 30 对电话分线箱，三层、四层各设置一个 20 对电话分线箱，五层、六层各设置一个 10 对电话分线箱。从室外电缆引入处电话分线箱引至每个单元一层电话分线箱一根 30 对电话电缆，一层电话分线箱引至二层电话分线箱一根 25 对电话电缆，二层电话分线箱引至三层电话分线箱一根 20 对电话电缆，三层电话分线箱引至四层电话分线箱一根 15 对电话电缆，四层电话分线箱引至五层电话分线箱一根 10 对电话电缆，五层电话分线箱引至六层电话分线箱一根 5 对电话电缆，再经各层电话分接箱将电话线分配至各住户的电话插座上。

2) 由图中的 2 单元可以看出，在各单元的各层均设置电话分线箱，室外电缆引入处设置一个 100 对电话分线箱，在其他单元的一层设置一个 30 对电话分线箱，所有单元的五层各设置一个 20 对电话分线箱，其他各层各设置一个 10 对电话分线箱。从室外电缆引入处电话分线箱引至每个单元一层电话分线箱一根 30 对电话电缆，从各单元一层的电话分线箱引至五层的电话分线箱一根 15 对电话电缆，从各单元一层的电话分线箱和五层电话分线箱引至其他层的电话分线箱各一根 5 对电话电缆。再经过各电话分线箱将电话线分配至各住户的电话插座上。

3) 由图中的 3 单元可以看出，除室外电缆引入处设置一个 100 对电话分线箱以外，其他各单元各楼层均不设置电话分线箱。从室外电缆引入处电话分线箱将电话线直接引至各住户的电话插座上。

4) 由图中的 4 单元可以看出，在室外电缆引入处设置一个 100 对电话分线箱，其他单元的一层设置一个 30 对电话分线箱。从室外电缆引入处电话分线箱引至其他单元一层电话分线箱各一根 30 对电话电缆，经各单元一层电话分线箱将电话线分配至各住户的电话插座上。多层住宅楼电话配线系统的第四种方案如图 3-99 所示中的 4 单元。

实例 83：高层住宅电话配线图识读

图 3-100 为高层住宅电话配线图，从图中可以了解以下内容：

1) 由图 (a) 可以看出，在一层（或地下一层）的电缆交接间内设置了一套 800 对电话电缆交接的设备，在各层弱电竖井内均设置了一个 20 对的电话分线箱。从本楼的电话电缆交接设备分别引到各层电话分线箱一根 20 对电话电缆，经过各层电话分线箱将电话分配至各住户的电话插座上。图中 $n = 2 \sim 6$（准确数字由工程所需进线电缆数量及备用管数量进行确定）。

2) 由图 (b) 可以看出，在一层（或地下一层）的电缆交接间内设置了一套 800 对电话电缆交接设备，在每五层（或若干层，不超过五层）的弱电竖井内设置了一个 100 对的电话分线箱，其他层弱电竖井内均设置了一个 20 对的电话分线箱。从本楼的电话电缆交接设备分别引至六层、十一层、十六层电话分线箱各一根 100 对电话电缆，从六层、十一层、十六层电话分线箱及电缆交接间内的电话电缆交接间设备分别引至其他层分线箱各一根 20 对电话电缆，再经各电话分线箱将电话线分配至各住户的电话插座上。图中 $n = 2 \sim 6$（准确数字由工程所需进线电缆数量及备用管数量确定）。

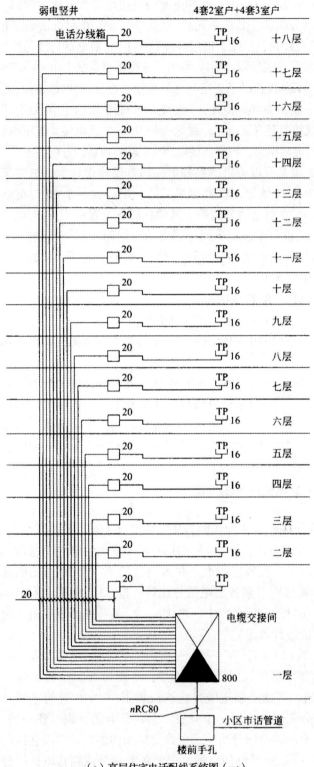

（a）高层住宅电话配线系统图（一）

3 电气工程识图实例

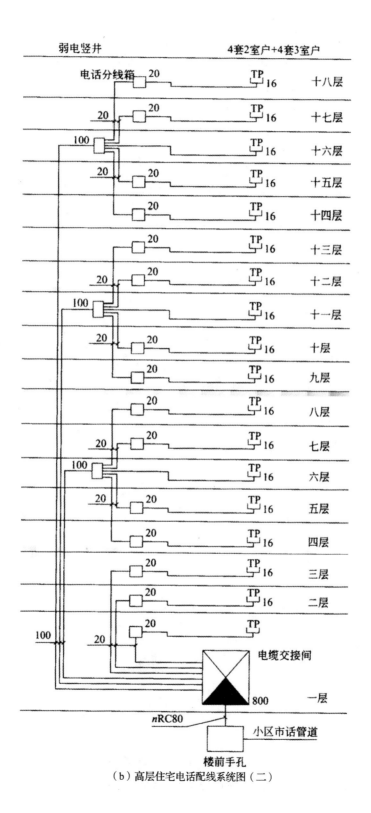

(b) 高层住宅电话配线系统图(二)

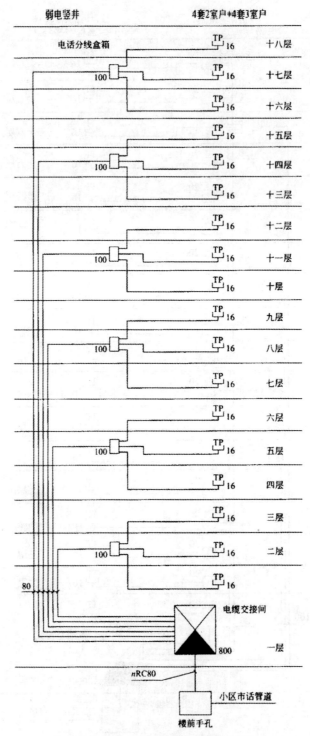

(c) 高层住宅电话配线系统图（三）

图 3-100　高层住宅电话配线图

3) 由图（c）可以看出，在一层（或地下一层）的电缆交接间内设置了一套 800 对电话电缆交接设备，在每三层（或每若干层，不超过五层）的弱电竖井内设置了一个 100 对的电话分线箱。从本楼的电话电缆交接设备分别引至这些 100 对电话分线箱各一根 80 对电话电缆，从这些 100 对电话分线箱分别将电话线分配至本层及上下层各住户的电话插座上。图中 $n=2\sim6$（准确数字由工程所需进线电话电缆数量及备用管数量确定）。

实例84：某综合楼电话系统工程图识读

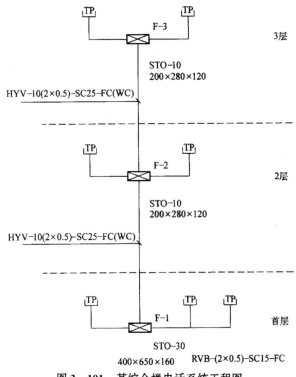

图 3-101 某综合楼电话系统工程图

图 3-101 为某综合楼电话系统工程图，从图中可以了解以下内容：

1) 首层的电话分线箱（型号为 STO-30）F-1 为 30 对线，箱体外形尺寸为 400mm×650mm×160mm。

2) 首层有三个电话出线口，箱左边线管内穿一对电话线，箱右边线管内穿两对电话线，到第一个电话出线口分出一对线，再向右边线管内穿剩下的一对电话线。

3) 2、3 层分别为 10 对线电话分线箱（型号为 STO-10）F-2、F-3，箱体的外形尺寸为 200mm×280mm×120mm。每层有两个电话出线口。

4) 电话分线箱间使用 10 对线电话电缆，电缆线型号为 HYV-10（2×0.5），穿直径 25mm 的焊接钢管埋地、沿墙暗敷设（SC25-FC，WC）；到电话出线口的电话线都为 RVB 型并行线［RVB-（2×0.5）-SC15-FC］，穿直径 15mm 的焊接钢管进行埋地敷设。

实例85：某建筑电话通信系统工程图识读

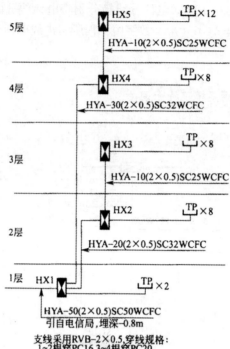

(a) 系统图

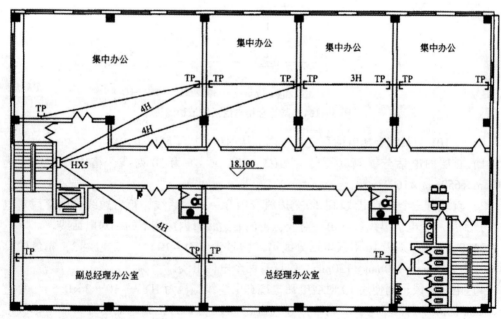

(b) 平面图

图 3-102 某建筑电话通信系统工程图

图 3-102 为某建筑电话通信系统工程图，从图中可以了解以下内容：

1）系统图电话通信系统是采用 HYA-50（2×0.5）SC50WCFC 自电信局埋地引入建筑物，埋设的深度为 0.8m。再由一层电话分接线箱 HX1 引出 3 条电缆，其中一条供本楼层的电话使用，一条引至 2、3 层电话分接线箱，还有一条供给 4、5 层电话分接线箱，分接线箱引出的支线采用 RVB-2×0.5 型绞线穿塑料 PC 管敷设。

2）平面图 5 层电话分接线箱信号通过 HYA-10（2×0.5）型电缆由四楼分接线箱引入。每个办公室有电话出线盒 2 只，共 12 只电话出线盒。各路电话线均单独从信息箱 HX 分出，分接线箱引出的支线采用 RVB-2×0.5 型双绞线，穿 PC 管进行敷设。出线盒暗敷在墙内，离地 0.3m。

实例86：某高级宾馆广播音响系统图识读

图 3-103 为某高级宾馆广播音响系统图，从图中可以了解以下内容：

1）A、F、TR-1、TR-2、TR-3 分别为五路音响的信号源，其中两路为广播段的调幅/调频收音机，另三路为播放音乐的录音机，各自经音量调节后把信号源送至前置放大器的输入端。

2）经前置放大器输出的音频信号由紧急广播的继电器 WX-121 的常闭触点送至功率放大器的输入端。

3）经过功率放大器放大之后，音频信号以电压输送的形式由主干线送至弱电管井中的接线板，作为上、下两层之间的垂直连接及本楼层各客房之间的横向连接。

4）所有公共区域的背景音乐由单独一路功率放大器专门提供，每层均设置供音量调节的控制器。

5）客房采用 A 型控制器供五路音响调节及音量调节，会议室和多功能厅采用 B 型控制器，不但有音乐选择、音量控制，并且留有本身注入点供扩大器的扬声器输入、功率输出以完成本地的会议扩音用。

6）顶楼茶座采用 C 型控制器，除了播放背景音乐以外，本身设有一个注入点，以供本地广播用。

7）WX-121 为紧急广播控制继电器，WR-110 紧急广播控制中的传声器和相关按钮与其配合。

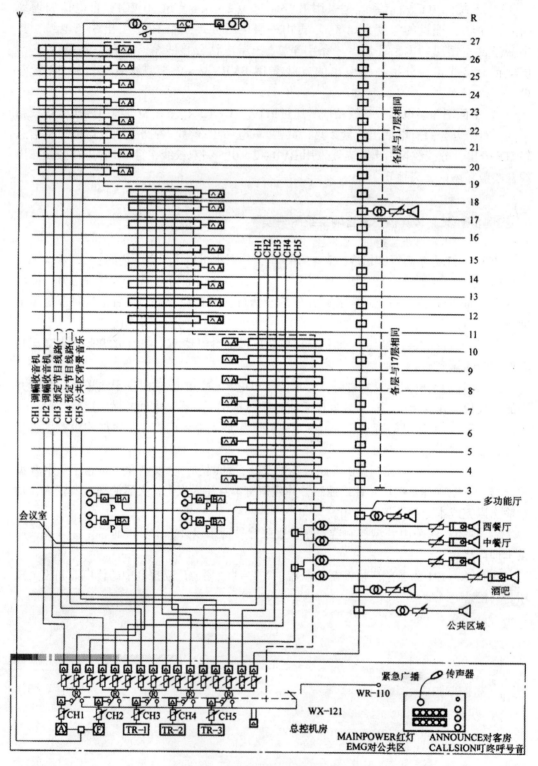

图 3-103　某高级宾馆广播音响系统图

实例87：某高级宾馆音响和紧急广播系统图识读

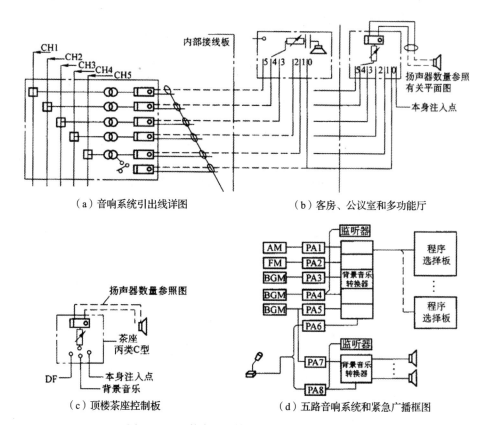

图3-104 某高级宾馆音响和紧急广播示意图

图3-104为某高级宾馆音响和紧急广播示意图，从图中可以了解以下内容：

1) 所有扬声器均由线间变压器与输出线路相连接，以达到阻抗匹配的目的。

2) 会议室、多功能厅音响选用乙类B型控制器，配有流动扩大器可实现本地广播。

3) 顶楼茶座音响选用丙类C型控制器，它不仅可以控制背景音乐的音量大小，而且本身有一注入点用以自办音乐广播节目。

实例88：套房音响和紧急广播电路图识读

图3-105为套房音响和紧急广播电路图，从图中可以了解以下内容：

平时通过选择板上的音乐选择和音量控制以获得所需的频道及适当的音量，一旦需要紧急广播，通过按下机房内WR-110的对应客房的紧急广播（AN-NOUNCE）按钮，并按下呼号按钮（CALLSION）提醒客人，再通过紧急广播传声器将信息传送到客房。

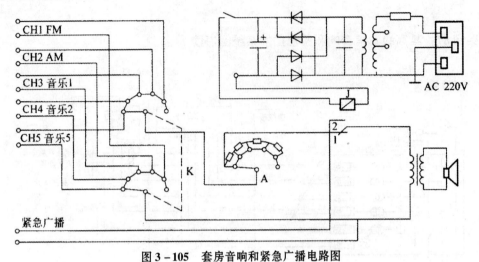

图 3-105 套房音响和紧急广播电路图

实例89：有线电视系统图识读

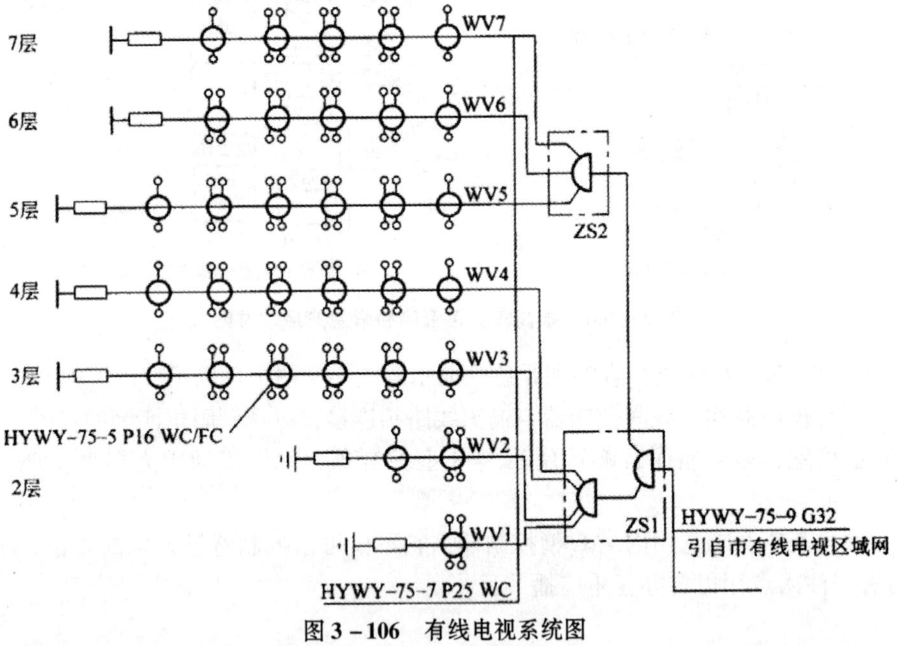

图 3-106 有线电视系统图

图 3-106 为有线电视系统图，从图中可以了解以下内容：

1) 该建筑物的有线电视信号引自市有线电视区域网，是用 HYWY-75-9 型号的同轴电缆穿直径为 32mm 的钢管引来，先进入 2 层编号为 ZS1 接线箱中的二分配器（如果电视信号电平不足，可在二分配器前加线路放大器），再分配至 ZS1 接线箱中的四分配器和安装在 5 层编号为 ZS2 接线箱中的三分配器。

2) ZS1 接线箱中的四分配器又分成四路，编号为 WV1、WV2、WV3、WV4，采用 HYWY-75-7 型号的同轴电缆穿直径为 25mm 的塑料管向 2~4 层配线。

3) ZS2 接线箱中的三分配器也分成三路，编号为 WV5、WV6、WV7，向 5~7 层配线。

4) 在 WV3 分配回路接有 4 个四分支器和两个二分支器，分支线采用 HYWY-75-5 型号的同轴电缆穿直径为 16mm 的塑料管沿墙或地面暗配，分别配至电视信号终端（电视插座）。

实例 90：广播音响系统图识读

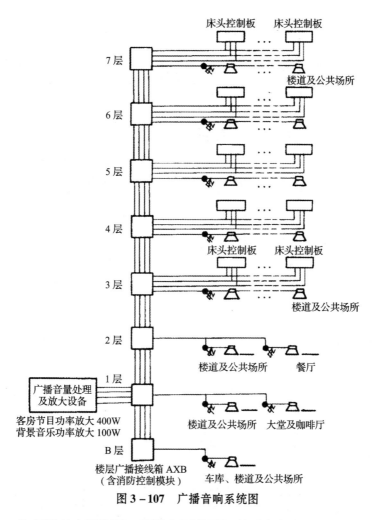

图 3-107　广播音响系统图

图 3-107 为广播音响系统图，从图中可以了解以下内容：

1) 每层楼的楼道及公共场所分路配置一个独立的广播音量控制开关，可以对各自的分路进行音量调节与开关控制。

2) 咖啡厅分路也配置一个独立的广播音量控制开关。

3) 餐厅设置有扩声系统。

4) 每个楼层设置一个楼层广播接线箱 AXB，因为有线广播与火灾报警消防广播合用，所以在 AXB 中也安装有消防控制模块，发生火灾时，可以切换成消防报警广播。

实例91：1层电视与广播平面图识读

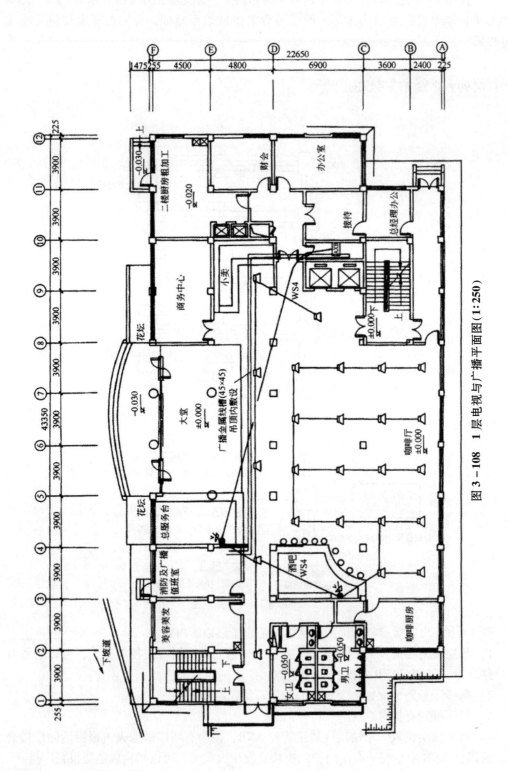

图3-108 1层电视与广播平面图（1:250）

图 3-108 为 1 层电视与广播平面图，从图中可以了解以下内容：

1) 广播与消防值班室合用，广播线路通过一层吊顶内的金属线槽配至配电间的 AXB 中，再通过竖井内金属线槽配向各楼层的 AXB。金属线槽的规格是 45mm×45mm（宽×高）。

2) 1 层的广播线路 WS4 有两条分路，一条是配向在咖啡厅酒吧间的广播音量控制开关，再配向吊顶内与其分路的扬声器连接；另一条楼道分路广播音量控制开关安装在总服务台房间。两条分路从 AXB 中出来合用一条线，先配向总服务台房间的广播音量控制开关盒内进行分支，然后再配向咖啡厅酒吧间的广播音量控制开关。

实例 92：2 层电视与广播平面图识读

图 3-109 为 2 层电视与广播平面图，从图中可以了解以下内容：

1) WV1 分配回路配向大餐厅，先配至⑧轴墙面 0.3m 的 4 分支器接线盒，再分别配至 4 个电视插座盒。

2) WV2 分配回路配向小餐厅，接有一个 4 分支器和一个二分支器，两个分支器的接线盒分别安装在就近的电视插座盒旁，再分别配至 6 个电视插座盒内。

3) WS4 有两条分路：一条是配向迎宾台房间的扩声系统，再配向大餐厅吊顶内的扬声器，另一条是配向楼道分路广播音量控制开关，再配向楼道吊顶内的扬声器。

实例 93：3 层电视与广播平面图识读

图 3-110 为 3 层电视与广播平面图，从图中可以了解以下内容：

1) 在 3 层配电间标注有 WV3 引上，因为 3~5 层结构相同，所以在 3 层也标注有 ZS2，意指 5 层，在 5 层有 WV6、WV7 向上配至 6 层、7 层。也意味着与 WV3 一起引上的还有 ZS1 箱中二分配器的一个分配回路，经 3 层再配至 5 层 ZS2 箱中。

2) 在 3 层，各分支器是布置在走廊金属配线槽的接线端子箱中（广播音响线路也是通过金属配线槽配线的，在接线端子箱中也有分支）。

3) 3 层以上楼道 WS4 回路的广播音量控制开关安装在服务间，扬声器安装在吊顶内，配线方式与 2 层楼道 WS4 相同。

4) 3 层客房内的广播线路为 WS1~WS3（共 6 根线）。

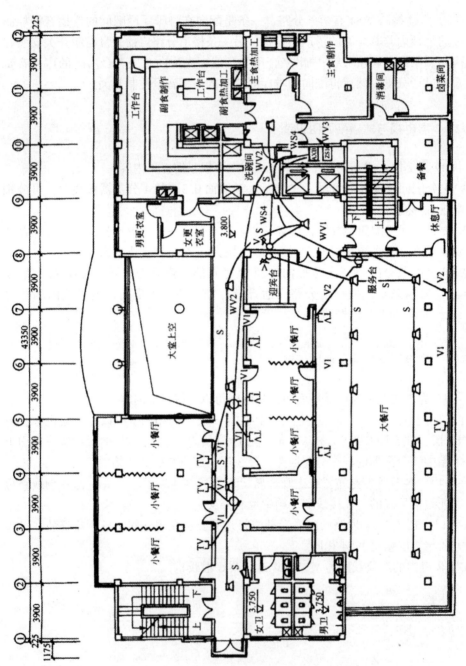

图 3-109 2 层电视与广播平面图 (1:250)

3 电气工程识图实例

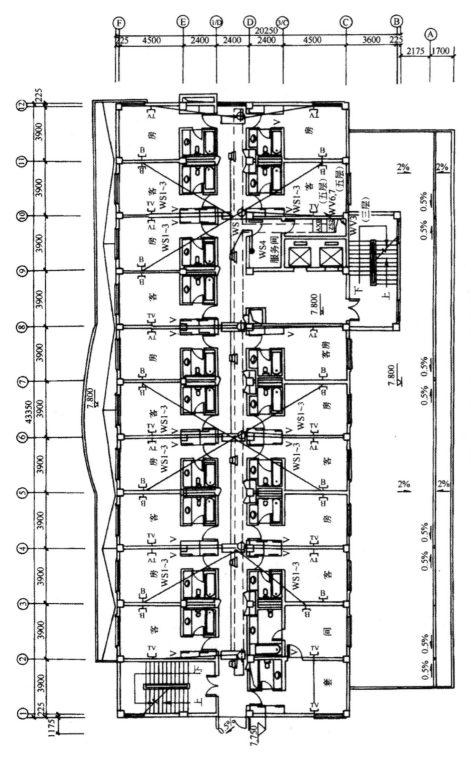

图 3-110 3层电视与广播平面图 (1:250)

实例94：某监舍闭路监控系统图识读

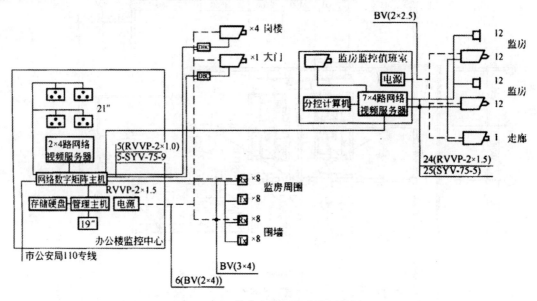

图 3-111　某监舍的闭路监控系统图

图 3-111 为某监舍的闭路监控系统图，图 3-112 为某监舍监控平面图，从图中可以了解以下内容：

1）如图 3-112 所示，该看守所由一座办公楼和一排监舍构成，在每间监舍及放风间内设置低照度的黑白针孔摄像机，确保在白天及夜晚均能看清室内犯人的活动情况；监舍内的走廊上设置有低照度的黑白摄像机，用于观看监舍管教人员的工作情况，所有的监控信号送至看守所监控中心。在监舍四周的围墙及岗楼上设有摄像机，对围墙周围及整个监舍的室外进行全面监控。

2）在监舍围墙、看守所的围墙设置主动红外入侵探测器，全天处于监控的状态，如有非法侵入，探测器便会感应到，立即报警。

3）每间监舍、放风间设声音复核装置，用于监听监舍、放风间内犯人的对话，声音复核装置采用灵敏度极高的有源微音器。

4）摄像机信号线采用 SYV-75-5 同轴电缆，电源为设在监控值班室的电源装置提供 12V 的直流电，导线采用 BV（2×2.5），声音复核器采用 RVVP-2×1.5，星形连接，所有的信号线在监舍内的走廊内采用 100mm×50mm 金属线槽敷设，电源线单独穿管敷设。

5）对于围墙摄像机，因为线路的距离较长，视频线采用 SYV-75-9，电源线采用 BV（2×4）。

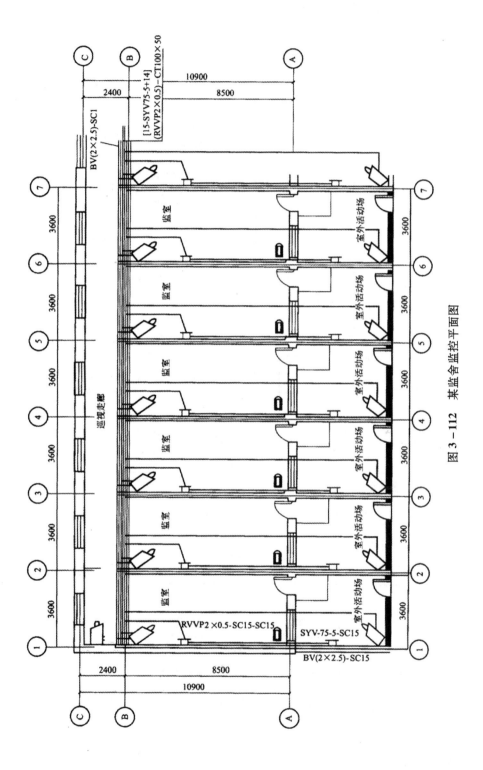

图 3-112 某监舍监控平面图

实例95：某工厂闭路电视监控系统图识读

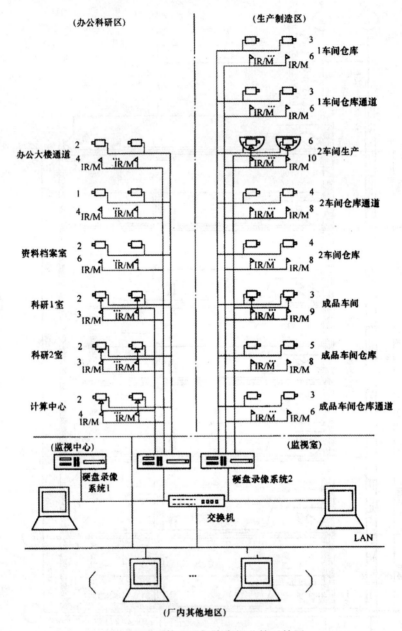

图3-113 某工厂闭路电视监控系统图

图3-113为某工厂闭路电视监控系统图，从图中可以了解以下内容：

1. 监控点设置

共计摄像42个点，双鉴探测85个点。

2. 系统设备设置

1）2.5/7.6cm彩色CCD摄像机，DC398P，36台。

2）彩色一体化高速球形摄像机，AD76PCL，6 台。

3）云台解码器，DR – AD230，6 台。

4）16 路数字硬盘录像机，MPEG – 4，3 台。

5）显示器，53cm，2 台。

6）三技术微波/被动红外探测器，DS – 720，85 个。

7）8mm 自动光圈镜头，SSE0812，27 个。

8）半球型防护罩，YA – 20cm，27 个。

9）内置云台半球形防护罩，YA – 5509，9 个。

10）6 倍三可变镜头，SSL06，9 个。

11）报警模块，SR092，3 块。

3. MPEG – 4 数字监控系统的系统功能

1）采用 MPEG – 4 压缩编码算法。

2）图像清晰度高，对每幅图像可独立调节，并能快速复制。

3）多路视频输入，显示、记录的速率均为每路 25 帧/s。

4）可单画面、4 画面、全画面、16 画面图像显示。

5）多路音频输入，与视频同步记录及回放。

6）录像回放速率每路 25 帧/s，声音与图像同步播放，实现回放图像动态抓拍、静止、放大。

7）人工智能操作（监控、记录、回放、控制、备份同时进行）。

8）通过输出总线可完成对云台、摄像机、镜头和防护罩的控制。

9）实时监控图像可单幅抓拍，也可所有图像同时抓拍。

10）具备视频移动检测报警、视频丢失报警功能。

11）通过输入总线接入多种报警探测器的报警，并能实现相关摄像机联动。

12）电子地图管理，直观清晰。

13）支持电话线路传输。

14）支持多种型号的高速球形摄像机、云台控制器及报警解码器。

15）强大的网络传输功能，支持局域网图像传输方式，可实现多个网络副控，多点图像远程监控。

16）可分别设置每个摄像机存储位置、空间大小及录像资料保留时间。

17）全自动操作，系统可对每台摄像机制定每周内所有时段的录像计划，按计划进行录像。

18）系统可对每个报警探头制定每周内所有时段的布防计划，按计划进行报警探头布防。

19）系统可对每台摄像机制订每周内所有时段的移动侦测计划，按计划进行移动侦测布防。

20）所有操作动作均记录在值班操作日志里，便于系统维护和检查工作。

21）交接班、值班情况及值班操作过程全部由计算机直接进行管理，方便查询。

22）资料备份可直接在界面操作，转存于移动硬盘或光盘等存储设备，保证主要资料不被破坏。

4. 系统的运作配合

1) 3台16路输入的MPEG-4数字录像机（16路硬盘录像机），完成对42台摄像机的监控，实现85个双鉴探测器与电视监控系统的联动。

2) 3台16路硬盘录像机共带48路报警输入接口，每台硬盘录像机通过RS-485接口各连接1块16路报警模块扩展接口。

3) 两台16路输入的数字录像机设在一个监控室，另一台设在另一个监控室，通过交换机与厂区局域网相连，厂区局域网中的任意一台计算机，经授权就能调看系统中的图像。

4) 前端摄像机送来的图像信号经数字压缩后，再控制、存储或重放。数字监控通过计算机完成对图像信号选择、切换、多画面处理、实时显示和记录等功能，完成现场报警信号与监控系统的联动。

参 考 文 献

[1] 中华人民共和国住房和城乡建设部. 房屋建筑制图统一标准 GB/T 50001—2010 [S]. 北京：中国计划出版社，2010.
[2] 中华人民共和国住房和城乡建设部. 总图制图标准 GB/T 50103—2010 [S]. 北京：中国计划出版社，2010.
[3] 中华人民共和国住房和城乡建设部. 建筑电气制图标准 GB/T 50786—2012 [S]. 北京：中国建筑工业出版社，2012.
[4] 张天伦，张少军. 怎样识读建筑弱电系统工程图 [M]. 北京：中国建筑工业出版社，2011.
[5] 史新. 建筑工程快速识图技巧 [M]. 北京：化学工业出版社，2013.
[6] 吴光路. 怎样识读建筑电路图 [M]. 北京：化学工业出版社，2010.
[7] 朱缨. 建筑识图与构造 [M]. 北京：化学工业出版社，2010.
[8] 张玉萍. 建筑弱电工程读图识图与安装 [M]. 北京：中国建材工业出版社，2009.
[9] 夏国明. 建筑电气工程图识读 [M]. 北京：机械工业出版社，2010.